制造业高端技术系列

超高强度硼钢板热冲压成形技术

林建平　田浩彬　张　燕　林　野　著

机 械 工 业 出 版 社

本书为机械工业出版社“制造业高端技术系列”之一。

本书共分为8章，主要包括绪论，超高强度硼钢板材料性能测试方法，超高强度硼钢板材料性能及其理论模型，超高强度硼钢板热成形过程中的相变、机理及控制，超高强度硼钢板热冲压的数值模拟，超高强度硼钢板的热冲压成形与开模变形，热冲压成形零件的尺寸控制，热冲压模具冷却系统设计。

本书主要读者对象是汽车企业、钢铁企业技术人员，轻量化、塑性成形及拼焊板研究人员，以及高等院校机械、汽车、材料加工等专业的师生等。

图书在版编目（CIP）数据

超高强度硼钢板热冲压成形技术/林建平等著. —北京：机械工业出版社，2017.7

ISBN 978-7-111-57051-6

Ⅰ.①超…　Ⅱ.①林…　Ⅲ.①硼钢－板材冲压－热处理－压制成型　Ⅳ.①TG386.41

中国版本图书馆CIP数据核字（2017）第130384号

机械工业出版社（北京市百万庄大街22号　邮政编码100037）
策划编辑：沈　红　责任编辑：沈　红　杨　璇
责任校对：刘志文　封面设计：马精明
责任印制：常天培
北京圣夫亚美印刷有限公司印刷
2017年8月第1版第1次印刷
169mm×239mm·10印张·2插页·186千字
0 001—1500册
标准书号：ISBN 978-7-111-57051-6
定价：79.00元

前　　言

高强度钢板热冲压技术是汽车轻量化成形技术之一。相对于冷冲压而言，热冲压成形时需要将板料加热到900℃以上，成形后期还需进行相应的热机械处理以保证零件的尺寸精度和力学性能。在整个成形过程中，涉及材料学、热力学、传热学、机械等多学科领域。

本书共分为8章，以超高强度硼钢板材料性能、成形过程中的材料组织相变及热冲压过程的变形控制导热冲压关键技术为主线，介绍了超高强度钢热成形过程中的成形机理、力学行为变化及其相应的组织变化规律，并给出了考虑材料组织相变及温度变化的热冲压成形硼钢板的本构模型；基于成形仿真软件介绍了热冲压过程数值仿真分析方法及冲压过程的零部件尺寸控制，介绍了热冲压模具系统的设计，较系统地介绍了热冲压的基础理论与技术。

著者长期从事材料成形及其理论研究工作，特别是热冲压技术和理论研究。本书主要是课题组长期研究与积累的总结，也是许多硕士和博士论文的归纳和提炼。本书的出版期望给从事金属塑性成形技术领域的技术人员在金属板材热冲压技术与理论方面予以帮助，为金属板材热冲压技术的应用提供基础支撑。

本书可以为企业技术人员、高校师生及研究人员提供参考。

由于著者水平有限，本书若有不妥和不足之处，敬请批评指正。

著　者

目　录

第1章　绪　　论

1.1　引言

汽车工业是我国国民经济的支柱产业，随着世界经济与社会的发展，节能、舒适、降低排放和提高安全性已经成为现代汽车结构、性能和技术的重要发展方向。鉴于此，美国提出了新一代汽车（New Generation of Vehicle）的概念，工业发达国家也都在研制百公里油耗3L的新一代汽车，而实现这一目标的重要手段就是在不损失结构强度的情况下实现汽车的轻量化。据统计，汽车重量每减轻10%，油耗可降低8%～10%[1]。汽车的轻量化不仅可以减小汽车的滚动阻力、加速阻力和爬坡阻力，还可降低燃油消耗，从而有利于改善汽车的转向、加速、制动和排放等多方面的性能。同时，还可以降低噪声和振动。总之，汽车的轻量化对于节约能源、减少废气排放、实现汽车工业的可持续发展战略具有十分重要的意义。

轻质材料的广泛使用是汽车轻量化的重要途径之一，如铝合金、高强度钢等[2,3]。根据“超轻钢制车身”联盟的研究，超高强度钢板（AHSS）在车身中的应用量达到80%，可以在不增加成本的情况下，汽车车身重量比普通钢结构车身减少20%[4,5]。超高强度钢板主要包括双相钢（DP）、相变诱发塑性钢（TRIP）、马氏体钢（MART）和超高强度硼钢板（Boron Steel）等。这类钢是通过相变组织强化来达到高强度的，其强度极限可达500～2000MPa，尤其是超高强度硼钢板，其经过组织相变后强度可超过1000MPa，故具有极大的减重潜力、抗碰撞性、好的成形性和低的平面各向异性等优点，是现代车身制造用钢板发展的主要方向。目前超高强度钢板可应用于汽车车身上的部位如图1-1和图1-2所示，其作用见表1-1[6]。

由于超高强度钢板冷成形能力很差，较难冲压成形状复杂的零件。但是，在高温条件下，也就是将金属加热到再结晶温度以上，其塑性和延展性会增加，屈服强度迅速降低，此时再进行冲压成形，就可以得到形状复杂的超高强度零件。近年来，超高强度热冲压成形工艺成为获得板料优良成形性能和超高强度零件的新型成形工艺。

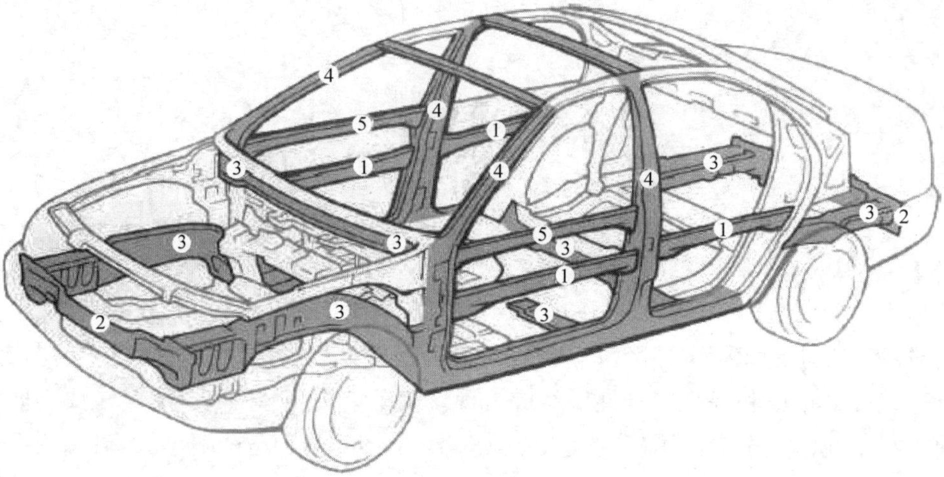

图 1-1　超高强度钢板在车身上的应用

1—车门侧板　2—保险杠　3—车身纵梁、横梁　4—A 柱、B 柱　5—车门加强板

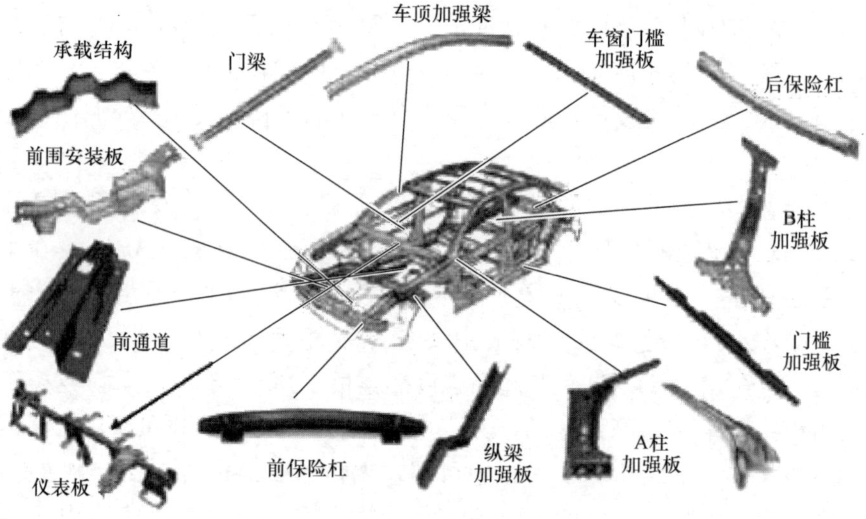

图 1-2　可应用热冲压技术的部件

表 1-1　超高强度钢板的要求

用超高强度钢板制造的零件	零件性能要求	板厚、强度和材料性能之间的关系
保险杠、加强板、门、防撞柱边梁、加强筋	高的压溃强度 p_s	$p_s \propto t\ \sigma_b^\alpha\ \alpha \backsim 1/2$
	高的冲击吸收能量 A_E	$A_E = t^2\ \sigma_b^{2\alpha}\alpha$：$1/2 \backsim 2/7$
车顶盖、门、油箱盖板	高的抗压痕抗力 p_t	$p_t \propto \sigma^\alpha \alpha \backsim 1/2.5$
车身边梁、横梁	高的弹性模量值 E	$E = tE_D^\alpha$ （$1/E_D = 1/E + 1/E_s$）

注：t 为板厚；E_D 为动负荷设计弹性模量。

根据热冲压的特点，超高强度硼钢板零件在生产、应用方面具有以下优势：

1）变形抗力低，压力机设备吨位小。钢板在高温下成形，材料变形抗力相对较小，塑性好。与冷成形相比，热冲压成形可以明显地降低变形抗力，减少压力机吨位。

2）超高强度硼钢板的高强度特性可以在厚度减薄的情况下依然保持汽车车身的力学性能要求，从而减轻了汽车重量；在撞击过程中，可以控制能量的吸收，从而增强耐撞性能。

3）实现控形与控性。与传统的冷冲压工艺不同，热冲压工艺中的零件成形和保压淬火均在模具中进行，给控形与控性提供了空间。

1.2 超高强度硼钢板及其应用

热冲压硼钢板的特点是在轧制成形后，材料组织为均匀的铁素体和珠光体，屈服强度为280～400MPa，抗拉强度大于450MPa；在高温度下具有高的延伸率和低强度，可以进行复杂零件成形；而经过热处理后，材料组织变为均匀的马氏体组织，屈服强度可达1200MPa，抗拉强度可达1500MPa，为普通钢板强度的3～4倍，是最高强度级别的汽车用钢板[7]。超高强度硼钢板按照合金元素类型主要分为4类，即Mn－B系列、Mn－Mo－B系列、Mn－Cr－B系列、Mn－W－Ti－B系列。以超高强度硼钢板USIBOR 1500为例，其主要合金成分见表1-2[8]。该钢板碳含量的质量分数为0.221%，属于低碳钢，添加的Mn元素和B元素均可以提高钢板的淬透性，使得钢板淬火冷却时内部能较充分的马氏体化，从而提高零件的强度。同时研究发现，钢板淬透性的提高与B元素加入量成正比，当B含量的质量分数超过一定数值后（大约为0.003%），淬透性保持不变，但B含量的质量分数超过0.003%～0.006%后淬透性稍有下降。B和Mn两种元素的添加使得超高强度硼钢板为了获得最佳的成形性能及使用性能，通常采用热成形方式。为了避免出现氧化层，钢板加热时需要保护气体保护，成形后需要喷丸处理，以消除表面的氧化皮[9]；或者板料表层增加涂层以提升成形过程中的抗氧化能力。

表1-2 USIBOR 1500钢板的主要合金成分

合金元素	C	Mn	B	P	S	Cr	Si	Al	Ti
质量分数（%）	0.221	1.211	0.0037	0.019	0.003	0.191	0.258	0.036	0.039

目前，很多车型都使用了该类硼钢板材料。以国内上汽大众引进的德国大众B6车型为例，一部分重要结构零件，如门槛、门内侧梁、底板中央通道、B柱等都采用超高强度硼钢板进行热成形，总质量与采用普通钢板冷成形相比可减少

28kg，且增强了汽车的安全性。标致和宝马系列车型中的部分零件也采用了超高强度硼钢板热冲压成形部件，如图 1-3 所示。

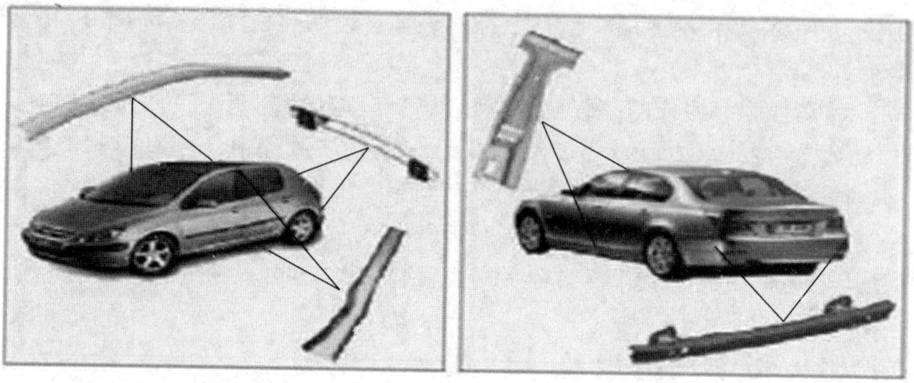

a)　　b)

图 1-3　超高强度硼钢板热冲压成形部件
a）标致 307　b）宝马 5 系列

1.3　超高强度硼钢板冲压成形工艺

由于材料的特殊性，为了获得优良的成形性能及零件使用性能，超高强度钢板通常采用热冲压进行成形。按照板料热成形前后有无预成形工序，热冲压可分为两种成形方法，一种是直接热冲压方法，一种是间接热冲压方法[10]。超高强度硼钢板采用直接热冲压方法（图 1-4），即将板料首先放在炉子里加热到奥氏体化温度，然后迅速将奥氏体化板料放在模具上进行冲压成形，同时在模具上实现零件的保压淬火促使零件形状尺寸趋于稳定，另一方面促使板料内组织发生马氏体转变，从而显著提高成形件的强度。为了避免板料在加热和转移过程中氧化皮的形成，板料表层可进行涂层处理（如铝镀层的处理），以达到保护零件和模具，提高生产率的目的，并且在加热炉内也不需要使用惰性气体来防止板料的氧化，可降低工艺的复杂程度。

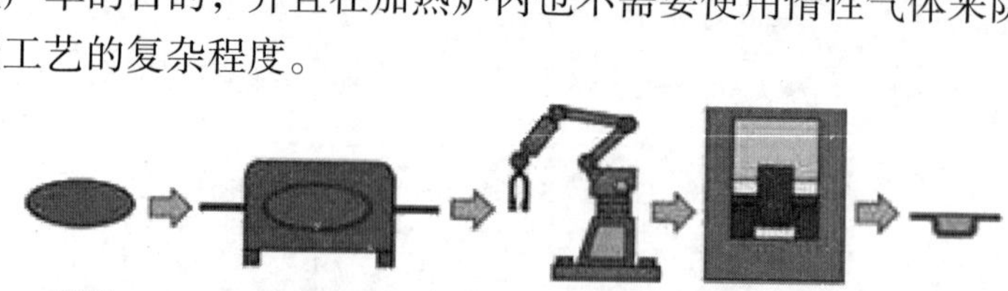

图 1-4　直接热冲压方法

在热冲压成形方面，除了可以采用常规的单板坯料进行成形外，还可以采用拼焊板进行成形。由于拼焊板具有按照零件使用要求及特点进行材料合理分配的优点，可以将零件的强度和延展性的要求综合起来，满足零件的成形性能要求的同时提高零件的吸收撞击能量的能力。考虑到拼焊板在成形过程中要受到热成形的影响，在选择材料时要考虑其热成形过程及其相关组织转变的限制。使用低合金高强度钢与超高强度硼钢激光拼焊板进行热冲压成形，低合金高强度钢的硬度会有所增加，超高强度硼钢板的硬度会随着冷却速度的增加迅速提高，并且焊缝至母材过渡区硬度值平滑过渡，应力应变分别更趋均匀，可显著提高低合金高强度钢与超高强度硼钢激光拼焊板拉深成形性[11]。蒂森克虏伯开发的用于与硼钢板拼焊连接的微合金钢在热成形后还可实现强度的上升。用该微合金钢与锰硼钢制成的激光拼焊板用于成形汽车B柱（图1-5）、后部纵梁，不仅可以降低零部件的重量和成本，并且还可以达到最佳的吸收撞击性能的要求，并已成功应用于奥迪 A4 和奥迪 A5 车型上[12]。

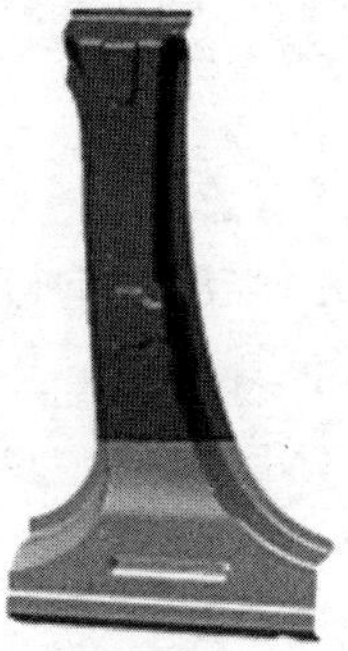
图1-5　热成形拼焊板B柱

第 2 章　超高强度硼钢板材料性能测试

超高强度硼钢板在热冲压成形过程中，钢板需要加热至完全奥氏体化状态，然后在模具中进行冲压成形及淬火处理。在成形过程中，钢板的力学性能随着温度的变化而变化，而其力学性能将直接影响最终零件的成形性能和质量。采用传统的冷冲压材料性能测试方法很难准确衡量其力学性能及变形行为。因此，本章结合热冲压工艺的要求及其特点，介绍了超高强度硼钢板性能测试方法。

2.1　超高强度硼钢板热力学性能测试

材料在高温条件下的力学性能是成形工艺控制的首要问题。如果采用比普通拉伸机增加了一个加热炉的高温电子拉伸机（图 2-1），虽然可以通过控制加热炉的温度控制零件的加热温度，但该类设备在测试超高强度硼钢板的力学性能时，因为加热时间较长，零件容易产生氧化，并且在成形完毕后，炉内没有热处理装置，需要将零件拿出来进行热处理[13]，给材料的性能测试及其控制带来了很多不便。

图 2-1　日本岛津高温电子拉伸机

在研究金属高温变形过程流变应力规律时，可以通过物理模拟技术对金属热变形过程中所要求的各种参数如温度、冷却速度等进行精确控制，并获得各参数对热变形过程中流变应力的影响。本节介绍采用 Gleeble 3800 热模拟试验机进行模拟试验，对硼钢板进行等温单向拉伸试验，研究其热冲压流变行为的测试方法。

2.1.1　测试装置

热模拟试验机是专门用来模拟不同物理条件下材料性能的设备，可模拟热拉伸、多种变形条件下的热压缩、熔化和凝固、热处理及多种变形等，并可模拟焊接、连铸、热轧及锻造等多种工艺，比较适合超高强度硼钢板的性能测试。该类试验机主要有美国 Dynamic Systems Inc 公司的 Gleeble 系列热模拟试验机[14]和日本富士电波工机株式会社的 Thermorestor 系列热模拟试验机[13]。图 2-2 所示为 Gleeble 3800 热模拟试验机。图 2-3 所示为 Thermorestor – W 热模拟试验机。

图 2-2　Gleeble 3800 热模拟试验机

各企业的热模拟试验机的工作原理均类似。通过多种变压器给试样通以大电流来实现对试样的加热。试样位于真空箱内，由试验机的真空泵提供真空。在试样的上表面中心部位焊接热电偶，如图 2-4 所示。热电偶与热模拟试验机相连，实时测量试样的温度并反馈给热模拟试验机从而实现温度闭环控制，以控制试样的升温和降温过程。

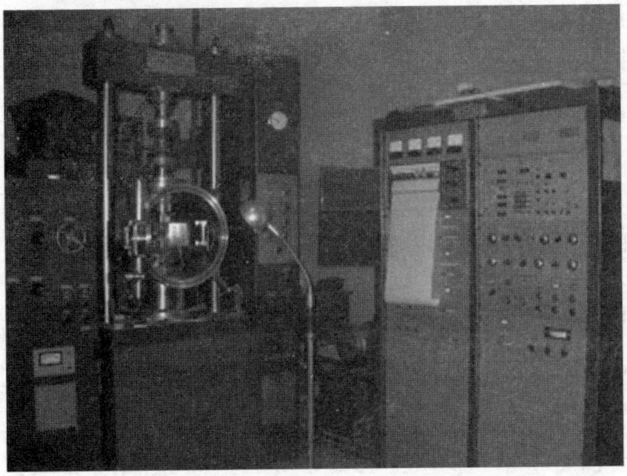

图 2-3　Thermorestor - W 热模拟试验机

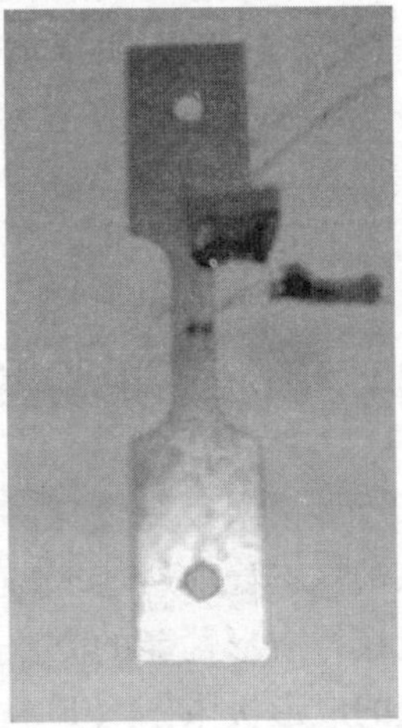

图 2-4　试样上热电偶焊接位置

2.1.2　测试步骤

为使试验结果更准确地反映钢板在热冲压成形过程中的力学性能变化，更科学地指导热冲压研究，试验依照实际热冲压成形工艺过程来设计。热力学性能测试试样尺寸如图 2-5 所示；热模拟试验工艺过程如图 2-6 所示。整个温度控制过程包括五个阶段[14]，各阶段具体内容及试验过程如下。

（1）升温阶段　先以 15K/s 的速度将试样温度升高到奥氏体化温度。

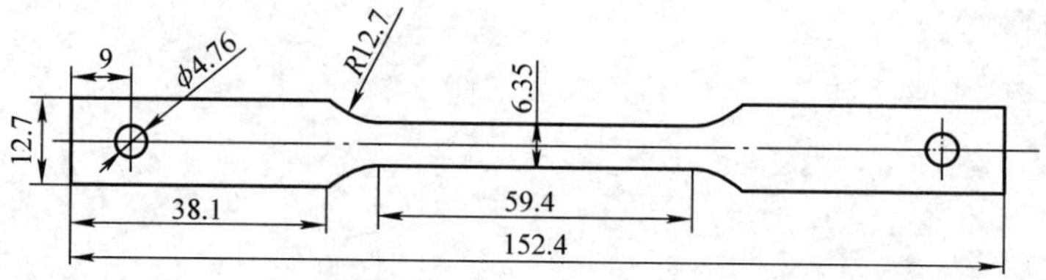

图 2-5　热力学性能测试试样尺寸

（2）奥氏体保温阶段　在奥氏体温度区间内保温 5min 以获得均匀的奥氏体组织。

（3）冷却阶段　为避免冷却过程中的铁素体相变，以 30K/s 的冷却速率降至试验变形所需温度，保温 5s 以便消除试样内部的温度梯度。

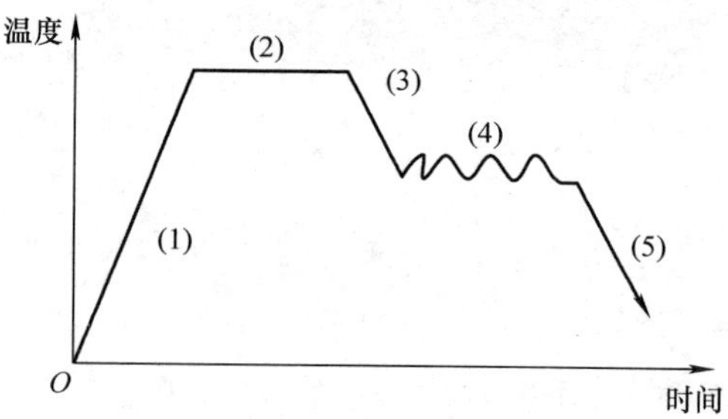

图 2-6　热模拟试验工艺过程

（4）恒温变形阶段　按照试验中选取的应变速率进行恒温拉伸变形，直至拉断。

（5）马氏体生成阶段　变形结束后快速冷却至室温，使组织转变为马氏体。

变形阶段真实应力 - 应变曲线由 Gleeble 3800 热模拟试验机测定并记录。按照试验选用的拉伸速度，缓慢加载直至试样断裂，记录各条件下的真实应力 - 应变曲线。

2.2　超高强度硼钢板成形性能测试

成形极限是衡量材料成形性能的重要指标和参数。它反映了加工过程中，板材在塑性失稳前所能取得的最大变形程度。目前最有现实意义和应用最为广泛的评定板材成形性能的方法是 20 世纪 60 年代由 Keeler 和 Goodwin 提出以极限应变构成的成形极限图（FLD）的概念。本节介绍超高强度硼钢板高温成形极限试验，用以评价其在不同温度下的成形性能。

2.2.1　测试装置

结合超高强度钢板高温胀形试验要求，参照《金属薄板成形性能与试验方法　第 8 部分：成形极限图（FLD）测定指南》[15] 规定。本书自行设计并制造了满足高温胀形试验功能要求的模具，如图 2-7 所示。

2.2.2　测试方法

按照 GB/T 15825. 8—2008《金属薄板成形性能与试验方法　第 8 部分：成形极限图（FLD）测定指南》[15]，试样为矩形试样，试样长度为 180mm，宽度分别取 180mm、160mm、140mm、120mm、100mm、80mm、60mm、40mm、20mm，共 9 种。试样几何尺寸示意图如图 2-8 所示。试样几何尺寸见表 2-1。随着宽度从 180mm 减小到 20mm，应变状态也实现了从双向拉伸到平面应变再到单向拉伸的转变。

图 2-7　高温胀形模具

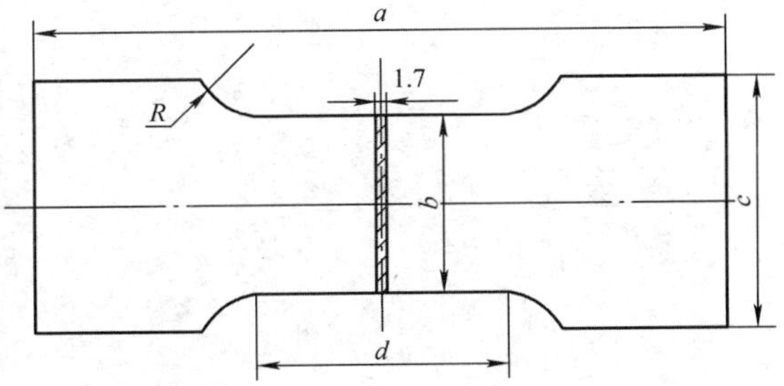

图 2-8　试样几何尺寸示意图

表 2-1　试样几何尺寸　（单位：mm）

a	180	180	180	180	180	180	180	180	180
b	180	160	140	120	100	80	60	40	20
c	180	160	140	140	120	100	80	55	30
d	0	0	0	0	20	40	60	80	100
R	0	0	0	25	25	25	25	25	25

试验过程中，采用坐标网格应变分析方法，即通过在试样表面制作网格来测量应变大小。常见的坐标网格制作法有印制或照相方法、蚀刻法和机械划线法等。本试验采用蚀刻法印制 $\phi 2.5$mm 的圆网格，FLD 最终加工试样如图 2-9 所示。

图 2-9　FLD 最终加工试样

为了使试验结果能够准确反映超高强度硼钢板在热冲压成形过程中的成形性能变化情况，更科学地指导后续研究，依照实际热冲压成形工艺过程来设计实验过程。

先在电炉里把试样加热到1173K，保温5min以获得均匀的奥氏体组织[16]。然后迅速移至模具上，事先在模具卸料板上铺上厚度为0.8mm的绝热石棉纸以保证恒温成形，通过红外测温仪监测板料的初始胀形温度和终了温度。由于热冲压成形工艺中，在973K以下板料会发生相变。因此，本试验只研究973～1173K温度范围内。

在规定工艺条件下，将图2-9所示试样进行胀形试验，获得如图2-10所示的试样。将靠近裂纹区或颈缩区的网格点作为临界点，通过应变分析软尺测量该区域网格的变形程度，获得不同应变路径下的极限应变点，并根据试验数据点进行多项式拟合，建立成形温度下的FLD图。

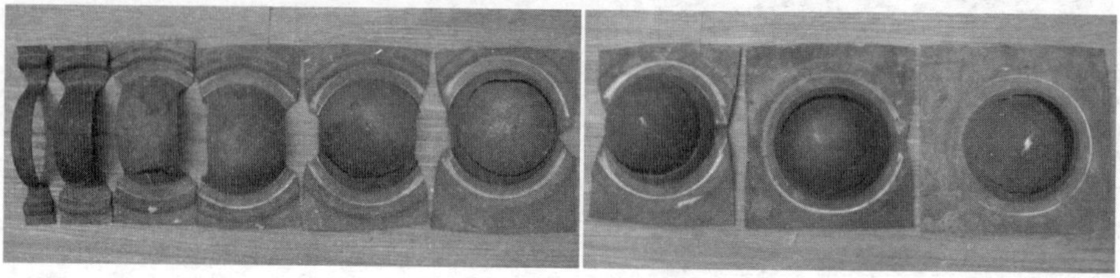

图2-10　高温胀形试验试样

2.3　超高强度硼钢板相变测试

2.3.1　测试方法

为了研究冷却路径对硼钢板相变的影响，进行了考虑不同冷却速率及保温温度的热膨胀试验。热膨胀试验是研究钢材固态相变的最有效的技术手段之一。它通过实时测量试样尺寸随温度的变化来监控其相变情况。该试验所用仪器为DIL805高温相变仪。硼钢板试样的尺寸为1.4mm×5mm×10mm，其中1.4mm为硼钢板的板材厚度，10mm为沿着轧制方向切取的长度，试样通过线切割切取。将直径为0.2mm的热电偶焊接在尺寸为5mm×10mm的平面中央，记录并通过反馈控制试样的温度。

虽然不同钢厂生产的硼钢板的化学元素有一定的不同，但硼钢板总体的相变规律和趋势基本是一致的。为了全面研究从奥氏体到马氏体、贝氏体及铁素体的相变过程，根据Turetta提出的CCT图，分别选择了50K/s、10K/s和2K/s的冷却速率。试验过程中，试样以15K/s的加热速率加热到1173K，并保温5min使奥氏体组织均匀化，随后分别以50K/s、10K/s和2K/s的冷却速率降温至室温。

为了研究不同的保温温度对硼钢板相变的影响，根据马氏体、贝氏体及铁素体相变的不同温度范围选择了不同冷却速率下的多种保温温度。冷却速率为

2K/s时，保温温度分别选择1073K、1023K、973K、923K和873K；冷却速率为10K/s时，保温温度分别选择1073K、973K、873K、823K、723K、623K、573K和473K；冷却速率为50K/s时，保温温度分别选择773K、673K、573K、523K和473K。全部试样均在保温温度停留5min。保温阶段完成后，试样继续以保温前的冷却速率淬火到室温（图2-11）。

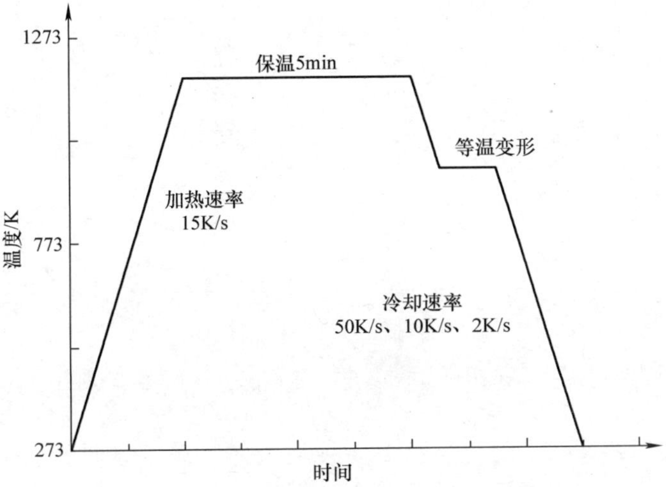

图2-11　高温拉伸历程示意图

为了确定不同冷却路径热处理后硼钢板试样的微观组织，从热膨胀试样的中部切取小试样，进行了金相及硬度试验。切取2mm×2mm的小块并使用环氧树脂镶样后，分别用500目（25μm）、1200目（10μm）和2000目（6.5μm）的砂纸进行打磨，随后分别用3μm和1μm颗粒大小的金刚石研磨膏进行抛光。用4%浓度的硝酸酒精进行腐蚀后通过Neophot30光学显微镜观察获得试样的微观组织；并用MH-3显微硬度计测量试样的维氏硬度（HV），载荷为0.2kg，在厚度方向上随机选取三个位置测量硬度，取其平均值作为最终的结果。

2.3.2　相变判断

材料在发生相变时，晶格结构的改变将导致试样的体积变化。在同样的温度下，奥氏体的比容最小。当发生相变时，热膨胀（DIL）曲线上会出现相应的波动，波动的起始点和结束点即表示相变的开始和结束温度，结合材料的热胀冷缩效应和相变膨胀，相应的相变膨胀量也可以在DIL曲线获得。因为相变的开始和结束温度等都是通过在DIL曲线上做切线后获得，故将该处理方法定义为切线法。

切线法如图2-12所示，图中曲线是冷却速率为10K/s并在623K保温5min时硼钢板试样的热膨胀试验结果。DIL曲线可以分割成多个线性和非线性段。

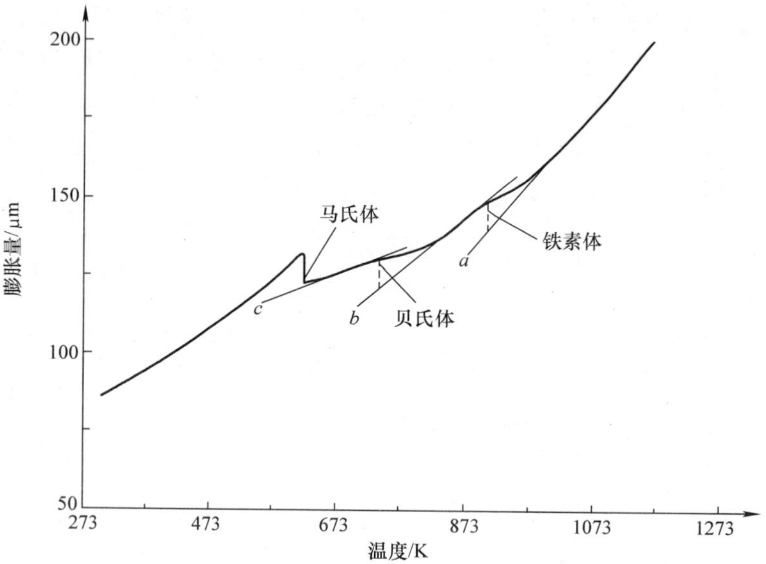

图 2-12　切线法（试样冷却速率 10K/s，保温温度 623K）

当试样从 1173K 降温时，材料处于纯奥氏体状态（线性段拟合为切线 a），当 1003K 左右铁素体出现后，曲线的斜率随着试样温度的降低而减小，这说明了铁素体相变的开始，一定量的奥氏体已转变为铁素体。当温度进一步降低到 913K 左右时，试样的长度变化量和温度又变为线性相关（线性段拟合为切线 b），即试样中奥氏体和铁素体的含量保持不变，试样随着温度的降低而线性收缩直到贝氏体相变开始。随着温度的进一步降低，曲线的斜率也再次减小，即奥氏体开始向贝氏体转变。温度低于 713K 左右后，随着贝氏体相变的结束，DIL 曲线再次恢复线性（线性段拟合为切线 c）。当温度降低到 673K 左右时，DIL 曲线变为非线性，标志着马氏体相变的开始。随后，温度降低到 623K 并在此温度保温，从图 2-12 中可以看出，马氏体相变在此保温阶段结束。

相变结束时温度处的切线与 DIL 曲线的 y 轴坐标的差值即该相变导致的相变膨胀量（图 2-12）。但是相变是在不同的温度下发生的，因此需要将不同温度时的膨胀量转换到统一的单位下。图 2-13 所示为冷却速率分别为 50K/s、10K/s 和 2K/s 时硼钢板的 DIL 曲线。铁素体、贝氏体及马氏体相变的膨胀量分别是 $L_F=6.3\mu m$、$L_B=4.4\mu m$ 和 $L_M=9.0\mu m$。根据图 2-13 虚线部分可知，发生单一相变时，铁素体、贝氏体及马氏体的相变膨胀量分别是 L_F（全部）$=40.2\mu m$、L_B（全部）$=32.8\mu m$ 和 L_M（全部）$=58.4\mu m$。因此，将贝氏体的膨胀量转换为以铁素体表示的统一单位时，可表述为 $L'_B/L_B=L_B$（全部）$/L_F$（全部），转换后的贝氏体膨胀量为 $L'_B=3.6\mu m$。同样的，将马氏体的膨胀量转换为以铁素体表示的统一单位时，可表述为 $L'_M/L_M = L_M$（全部）$/L_F$（全部），转换后的马氏体膨胀量为 $L'_M = 13.1\mu m$。冷却速率 10K/s、保温温度 623K 的冷却路径下，铁素体、贝氏体及马氏体的比例为 $L_F: L'_B: L'_M = 6.3: 3.6: 13.1$，即该冷却路径下的相组成为 27% 的铁素体、16% 的贝氏体和 57% 的马氏体。其他条件下的相组成也可以通过该切线法确定。

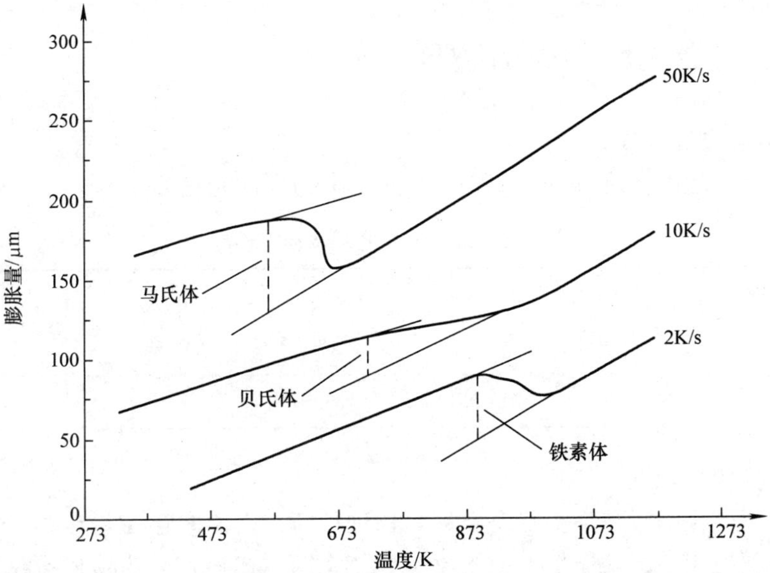

图 2-13　冷却速率分别为 50K/s、10K/s 和 2K/s 时硼钢板的 DIL 曲线

第 3 章　超高强度硼钢板材料性能及其理论模型

3.1　超高强度硼钢板的物理性能

3.1.1　常温物理性能

常温下，超高强度硼钢板 22MnB5 的基本物理性能见表 3-1。

表 3-1　22MnB5 的基本物理性能

密度 ρ /(kg/m³)	弹性模量 E /GPa	泊松比 ν	导热系数 /[W/(m·K)]	比热容 c /[J/(kg·K)]	热膨胀系数
7800	205	0.28～0.3	53.5	506	1.42×10^{-5}

3.1.2　高温物理性能

超高强度硼钢板在高温状态下，其物理性能与常温时存在差异。在热成形过程中，物理性能如弹性模量、泊松比、导热系数、比热容、热膨胀系数等随温度的变化将影响零件的成形性能及其成形精度。本节对硼钢板 22MnB5 在不同温度下的物理性能进行了测试，表征相关性能随温度的变化规律。

1）弹性模量。温度对弹性模量的影响如图 3-1 所示。随着温度的升高，弹性模量有降低的趋势。

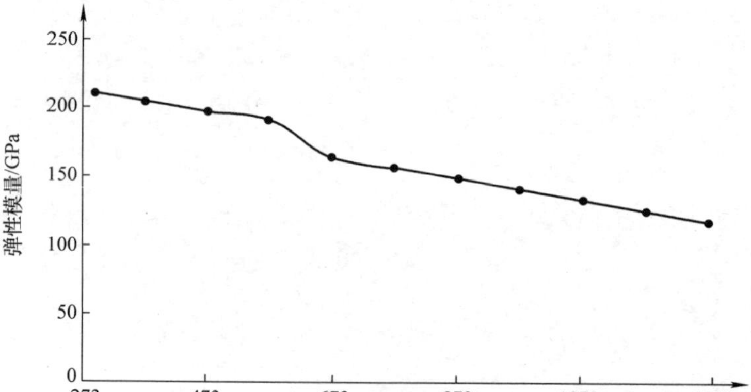

图 3-1　温度对弹性模量的影响

2）泊松比。温度对泊松比的影响如图 3-2 所示。随着温度的升高，泊松比有升高的趋势。

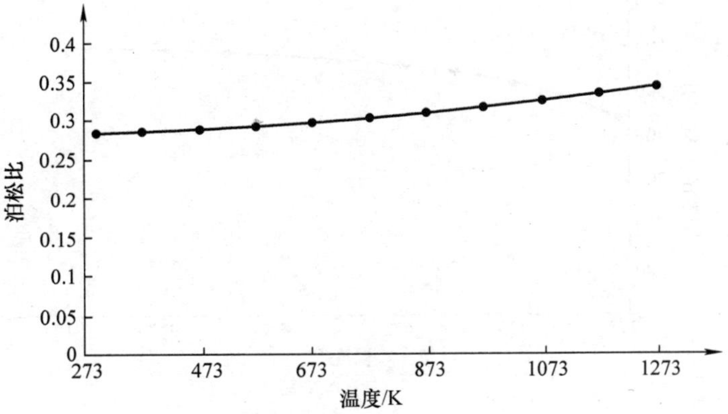

图 3-2　温度对泊松比的影响

3）导热系数。温度对导热系数的影响如图 3-3 所示。随着温度的升高，导热系数首先降低，当温度超过 673K 后，随着温度的升高，导热系数有升高的趋势。

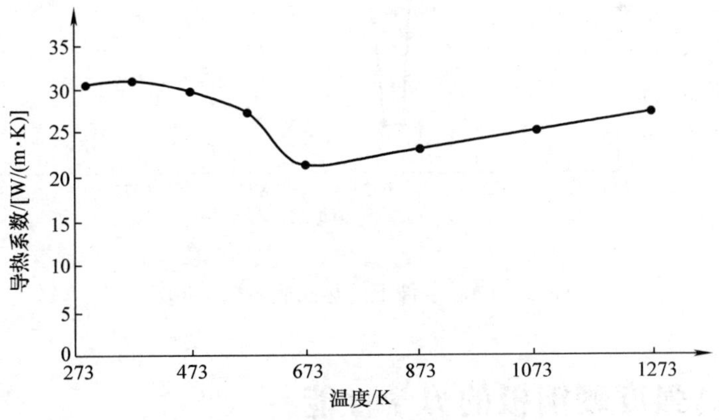

图 3-3　温度对导热系数的影响

4）比热容。温度对比热容的影响如图 3-4 所示。随着温度的升高，比热容有升高的趋势。

5）热膨胀系数。鉴于材料的热胀冷缩主要影响成形后零件的尺寸精度及零件组织变化，而硼钢板常规冷却速度控制在 30K/s 以上[17]，本章对 22MnB5 在 30K/s 的冷却速度下的热膨胀系数进行了测试，如图 3-5 所示。在 673K 左右时，材料具有最小的热膨胀系数。

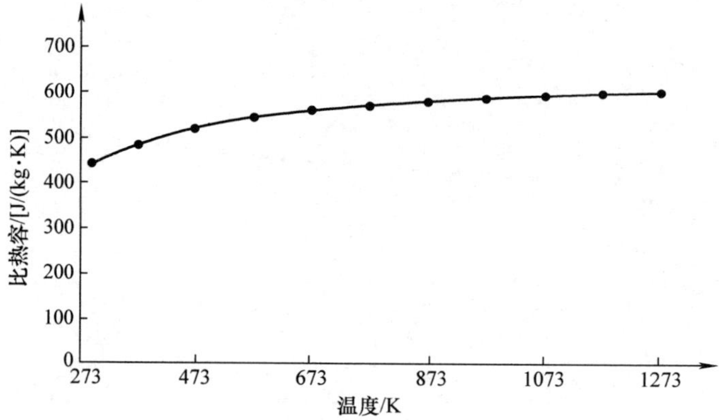

图 3-4　温度对比热容的影响

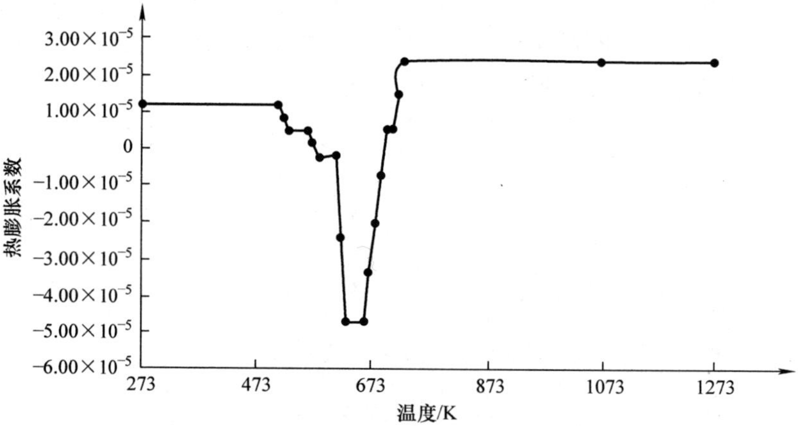

图 3-5　降温条件下的热膨胀系数（30K/s）

3.2　超高强度硼钢板的力学性能

3.2.1　常温力学性能

以硼钢板 22MnB5 为例，对其在与轧制方向分别呈 0°、45°、90°三个方向分别进行了拉伸试验，每个方向采用两组试件进行测试，分别以 -1 和 -2 表示。获得的工程应力 - 应变曲线如图 3-6 所示，三个方向上的力学性能参数见表 3-2。

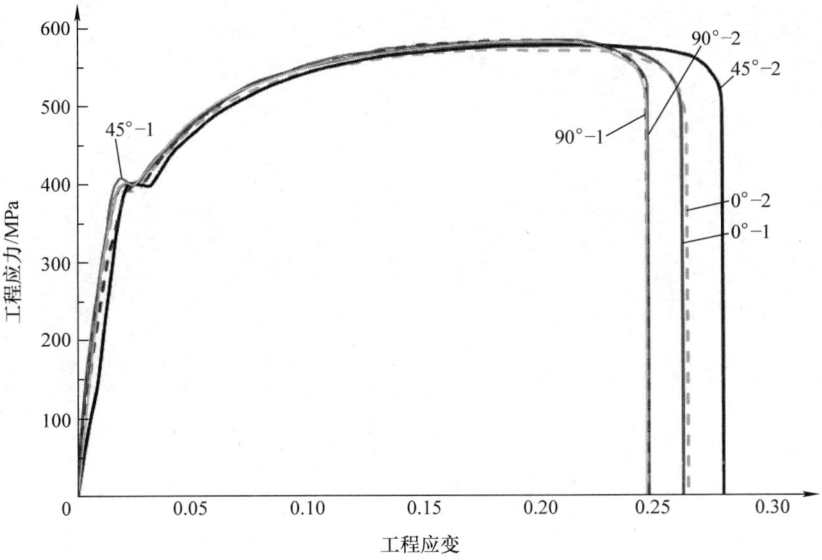

图 3-6 常温工程应力 - 应变曲线

表 3-2 三个方向上的力学性能参数

轧制方向	弹性模量 E /MPa	屈服强度 R_{eL} /MPa	抗拉强度 R_m /MPa	R_{eL}/R_m	标距 80mm 试样获得的断裂延伸率 A_{80}（%）
0°	2.27×10^5	393.1	573.9	0.685	26.3
45°	2.13×10^5	402.7	578.0	0.697	26
90°	2.76×10^5	402.6	581.7	0.692	24.65

3.2.2 高温力学性能

温度和应变速率是热成形过程中两个重要参数。在热成形过程中，不同的成形温度、不同的应变速率可以获得不同的力学性能。在试验过程中，先将硼钢板试样温度升高到 1173K，升温速度设定为 15K/s；保温 5min 以获得均匀的奥氏体组织，而后进行恒温拉伸试验，获得 1173K 下的应力 - 应变曲线；为了获得 1073K 和 973K 温度时的应力 - 应变曲线，采用 30K/s 的冷却速率降至试验所需温度避免铁素体相变，然后进行恒温拉伸试验，在试验过程中，变形速率分别为 0.02/s、0.2/s 和 1/s。待试样拉断之后再快速冷却至室温，获得不同温度和应变速率下的超高强度硼钢板应力 - 应变曲线。

1）温度对超高强度硼钢板力学性能的影响。图 3-7 所示为不同应变速率下温度对真实应力 - 应变曲线的影响。

由图 3-7 可知，温度对超高强度硼钢板的力学性能有较大影响。在一定的应变速率条件下，应力随着变形温度的升高而降低。原因是随着温度的升高，材料的热激活作用增强，金属原子平均动能增加，晶界切变抗力显著降低，晶间滑移易于进行；同时随着温度的升高，动态回复与动态再结晶也容易进行，使得位错

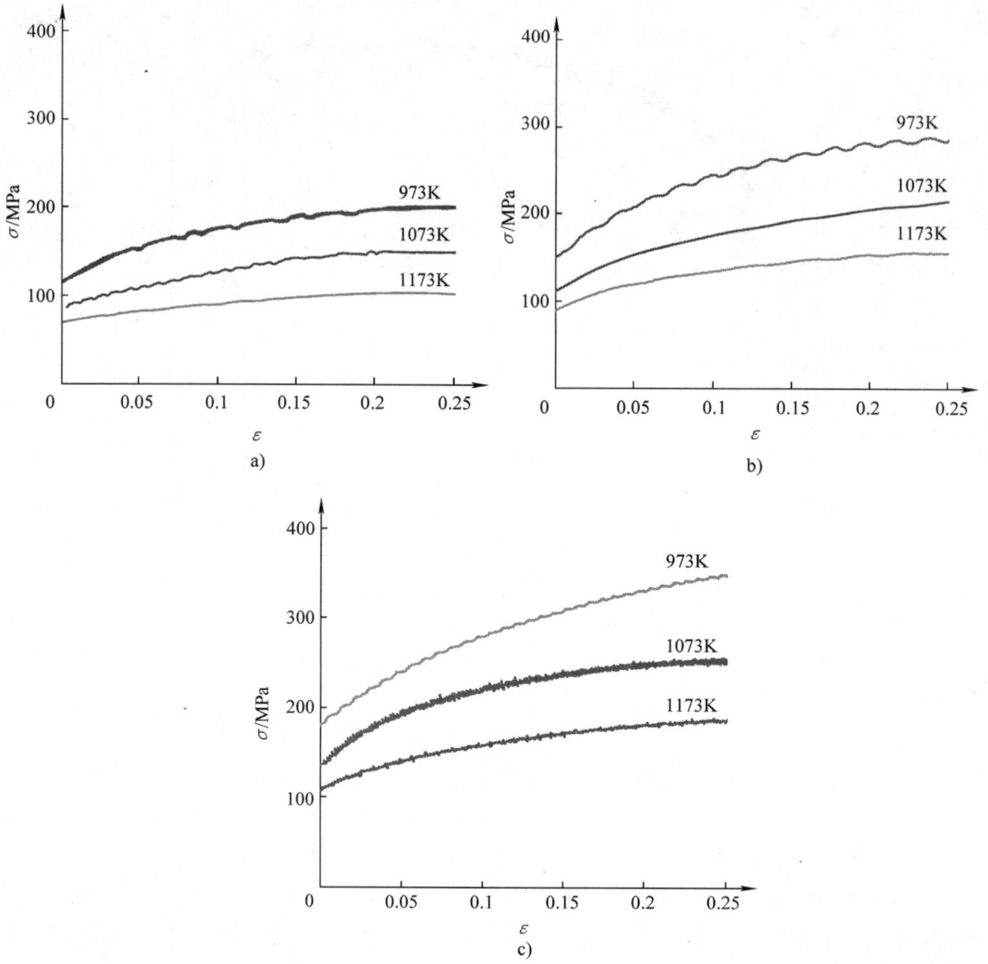

图 3-7　不同应变速率下温度对真实应力 - 应变曲线的影响

a）$\dot{\varepsilon}=0.02/s$　b）$\dot{\varepsilon}=0.2/s$　c）$\dot{\varepsilon}=1/s$

密度下降，对塑性变形过程中加工硬化的抵消作用增大，降低了材料的流变应力，提高了金属的塑性，从而显著地降低了材料的真实应力 - 应变曲线的斜率。在单一温度下，随着应变量的增加，经过初始应变硬化，动态回复作用加强，应变硬化和软化有趋于平衡的趋势，应力 - 应变曲线逐渐平缓。

2）应变速率对超高强度硼钢板力学性能的影响。图 3-8 所示为不同温度下应变速率对真实应力 - 应变曲线的影响。从图 3-8 中可以看出，22MnB5 钢在热变形时应力对应变速率很敏感。温度一定时，随着应变速率减小，流动应力峰值也减小。这是由于应变速率较小时，有利于奥氏体组织发生动态回复，因而软化程度就越显著，峰值应力也随之减小。

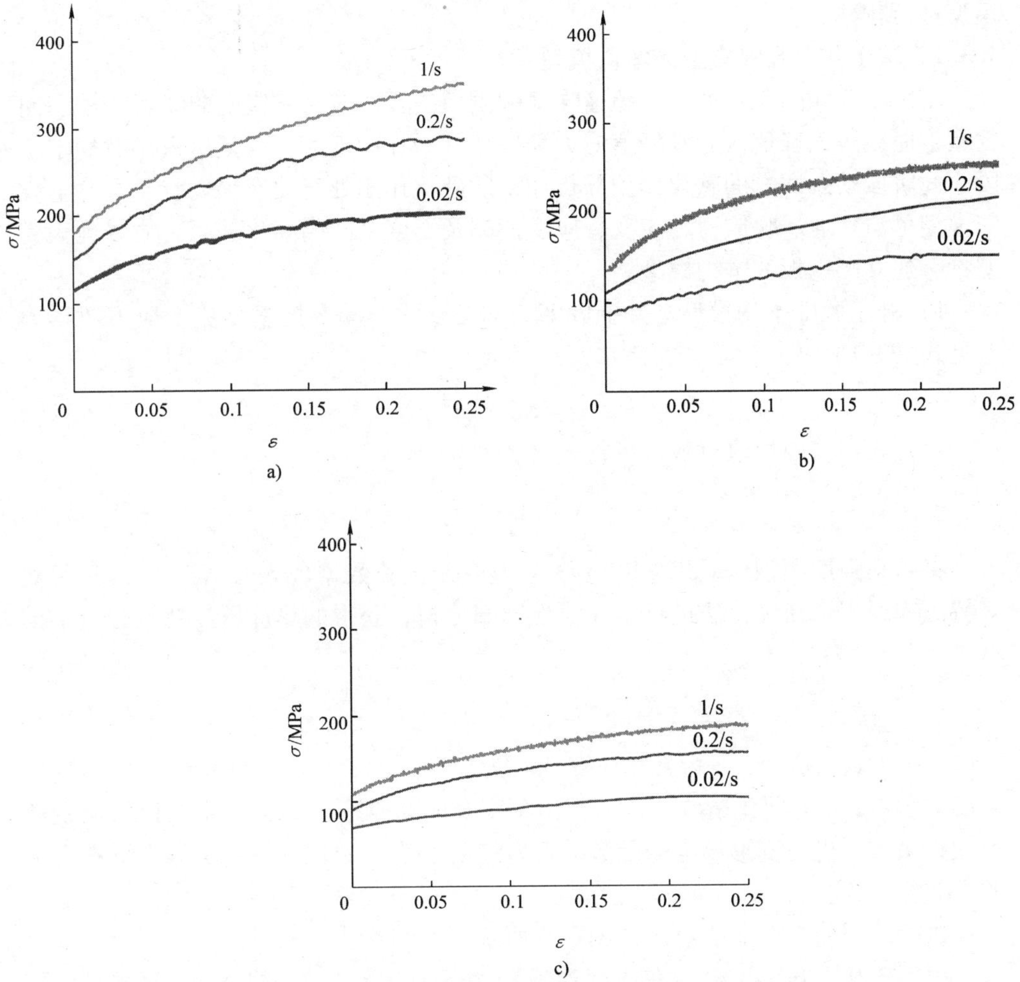

图 3-8　不同温度下应变速率对真实应力－应变曲线的影响

a）$T=973\text{K}$　b）$T=1073\text{K}$　c）$T=1173\text{K}$

3.3　超高强度硼钢板的本构模型

材料的本构模型即材料流动应力与应变之间的关系，是模具设计、工艺分析及金属塑性成形数值模拟等不可缺少的依据。建立合理的应力应变本构关系式对于研究金属材料的力学行为、揭示变形的微观机理有至关重要的作用。

建立本构关系的方法可以分为两类：一类是基于高温变形试验结果，通过宏观应力－应变曲线，结合内部参数，对试验数据进行回归分析，建立合适的流变应力数学模型；另一类是基于变形机理方面的描述，从位错密度、晶粒尺寸等微观结构入手，建立耦合的本构方程[18]。本节分别采用两类方法对硼钢板的本构模型进行构建。

3.3.1 基于井上胜郎模型的本构模型

由图 3-7 和图 3-8 可知，超高强度硼钢板的真实应力 - 应变曲线属于动态回复型，曲线进入峰值区后其峰值应力随应变的增加而增大，直至进入相对稳定阶段，此阶段动态回复的软化作用与热加工的硬化作用处于动态平衡状态。井上胜郎模型可清楚地反映应力与应变、应变速率及温度之间的变化关系，故以此为模型参考建立硼钢板的本构模型。

1）井上胜郎本构模型。井上胜郎的加工硬化与动态恢复型流变应力数学模型见式（3-1）[19]：

$$\sigma = K\varepsilon^{n}\dot{\varepsilon}^{m}e^{\frac{\beta}{T}} \tag{3-1}$$

对上式左右两边取对数，可得式（3-2）：

$$\ln\sigma = \ln K + n\ln\varepsilon + m\ln\dot{\varepsilon} + \frac{\beta}{T} \tag{3-2}$$

将超高强度硼钢板 USIBOR 1500 应力应变试验数据代入式（3-2），并用麦夸特法和通用全局优化法进行多元线性回归分析，获得的热冲压流变应力数学模型见式（3-3）：

$$\sigma = K\varepsilon^{n}\dot{\varepsilon}^{m}e^{\frac{\beta}{T}} = 67.30\varepsilon^{0.33}\dot{\varepsilon}^{0.05}e^{\frac{1920}{T}} \tag{3-3}$$

式中，σ 为真实应力；ε 为真实应变；$\dot{\varepsilon}$ 为应变速率；K 为强度系数，也为变形温度的函数；n 为硬化指数，也为变形温度及应变速率的函数；m 为材料应变速率敏感系数，也为变形温度的函数；T 为绝对温度，单位为 K；β 是与材料有关的常数。

试验结果与拟合曲线对比如图 3-9 所示。

由图 3-9 可知，该模型在应变速率不大于 0.1/s 时与试验结果数据拟合较好，当应变速率超过 0.1/s 时则产生一定误差。为更好地描述热冲压成形工艺过程中超高强度硼钢板流变应力的变化，将基于井上胜郎模型的流变应力数学模型进行修正。

2）基于温度修正的井上胜郎本构模型。由前面叙述可知，温度是影响超高强度硼钢板真实应力的最大因素。为了获得与实际应力 - 应变曲线更加吻合的模型，首先对单一温度下的曲线进行拟合，而后分析拟合参数与温度的变化关系，从而获得修正的井上胜郎模型。在井上胜郎模型中，K 值和 β 值是与材料有关的常数，主要考虑温度对 n 值和 m 值的影响。

在单一温度下采用井上胜郎模型对 873 ~ 1173K 的材料真实应力 - 应变曲线进行线性回归分析，可获得不同温度下材料的 n 值与 m 值，见表 3-3 与如图 3-10所示。

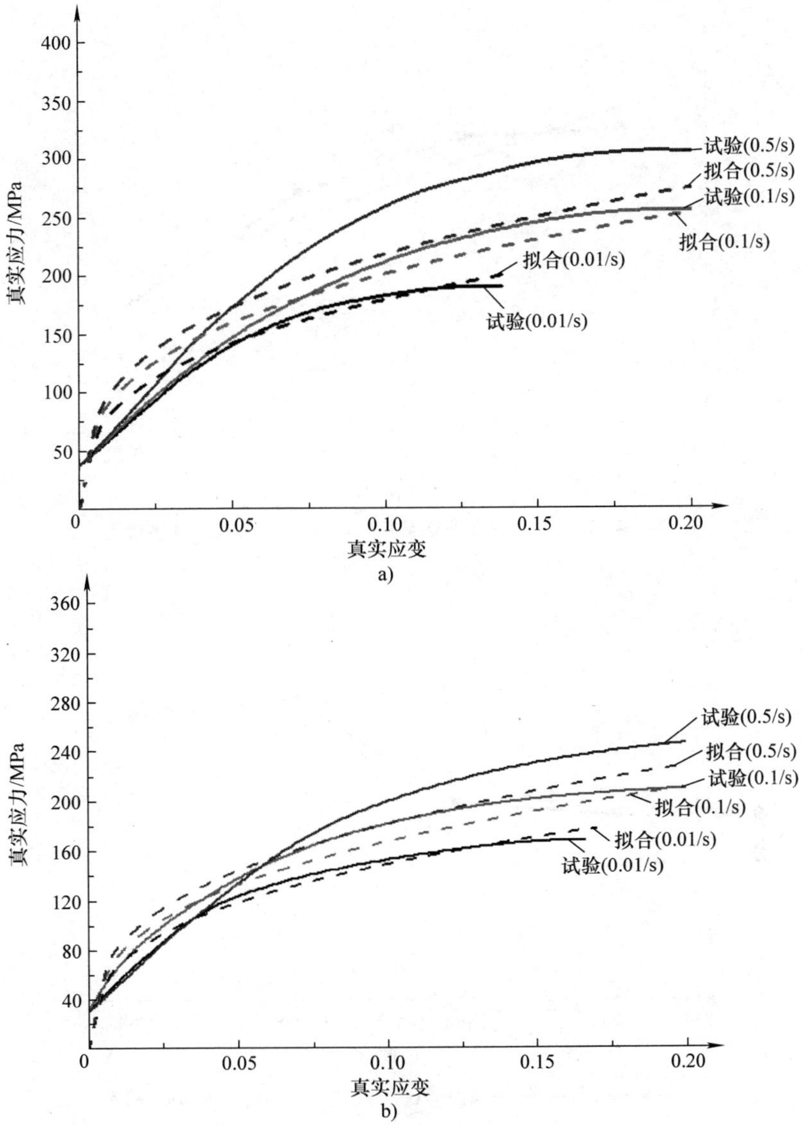

图 3-9　试验结果与拟合曲线对比

a） $T=973\text{K}$　b） $T=1073\text{K}$

表 3-3　不同温度下材料的 *n* 值、*m* 值

温度	n	m
873K	0.48	0.030
973K	0.47	0.032
1073K	0.38	0.049
1173K	0.21	0.046

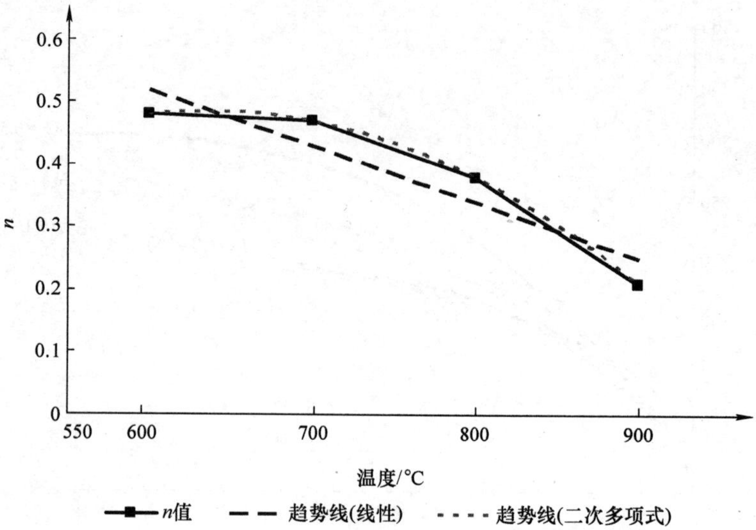

a)

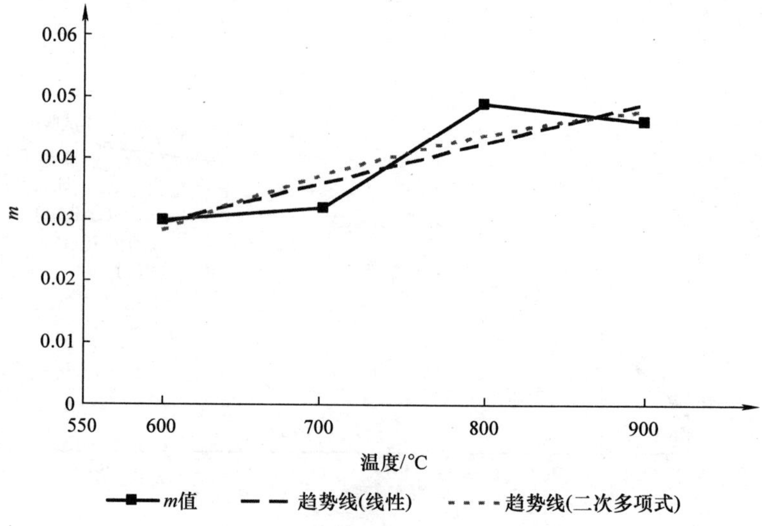

b)

图 3-10　温度对 n 值与 m 值的影响

a）n 值随温度的变化图　b）m 值随温度的变化图

由图 3-10 可知，随着温度的升高，材料的 n 值逐渐减小，而 m 值逐渐增大，即温度越高，材料的加工硬化现象越不明显，但对应变速率越敏感。通过添加趋势线对不同温度下的 n 值与 m 值变化曲线进行拟合，如图 3-10 中的虚线所示，可知材料的 m 值曲线采用线性或二次多项式进行拟合效果相差不大。故本书采用线性函数 $m = c + dT$ 对原模型中的 m 值进行修正；而材料的 n 值曲线采用线性和二次多项式进行拟合有一定差别，分别将 $n=a+bT$ 与 $n=a+bT+cT^2$ 两种模型代入原本构模型，获得式（3-4）：

$$\begin{cases}\sigma = K\varepsilon^{a+bT}\dot{\varepsilon}^{c+dT}e^{\frac{\beta}{T}}(n = a + bT)\\ \sigma = K\varepsilon^{a+bT+cT^2}\dot{\varepsilon}^{u+vT}e^{\frac{\beta}{T}}(n = a + bT + cT^2)\end{cases} \tag{3-4}$$

分别采用这两种模型对试验数据进行拟合，两种修正模型的拟合效果相差不大。因此，在保证拟合精度的情况下，为了模型的方便使用，采用线性关系对 n 值和 m 值进行修正[20]。

通过温度对 n 值和 m 值的线性修正，获得修正的流变应力数学模型见式（3-5）：

$$\sigma = K\varepsilon^{a+bT}\dot{\varepsilon}^{c+dT}e^{\frac{\beta}{T}} \tag{3-5}$$

通过试验结果进行多元线性回归分析可得修正后的超高强度硼钢板 USIBOR 1500 的热冲压流变应力数学模型，见式（3-6）。修正后的曲线如图 3-11 所示。

$$\sigma = K\varepsilon^{a+bT}\dot{\varepsilon}^{c+dT}e^{\frac{\beta}{T}} = 5.13\varepsilon^{1.36-0.001T}\dot{\varepsilon}^{0.043+7.1\times10^{-6}T}e^{\frac{4657}{T}} \tag{3-6}$$

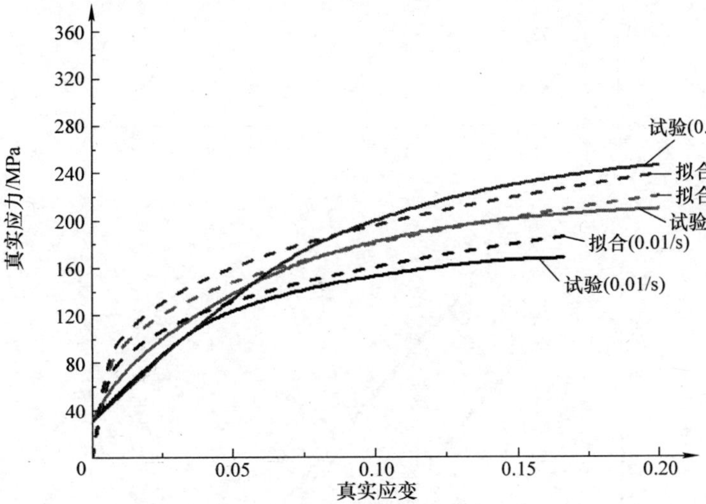

图 3-11　修正后的拟合结果（1173K）

可以看出，修正模型比原井上胜郎模型更适于定量描述热冲压成形工艺过程中超高强度硼钢板的流变应力变化，但仍旧存在一定的误差。因此，需要从位错密度等微观结构入手建立预测精度更高的基于动态回复的本构关系式。

3.3.2　基于动态回复的本构模型

硼钢板在高温阶段动态恢复时的变形可理解为硬化机制与软化机制的共同竞争，即位错累积与动态恢复作用的共同竞争。以 22MnB5 为对象，基于变形机理方面的描述，从位错密度等微观结构入手建立预测精度更高的基于动态回复的本构关系式[16]。

1）Kocks 数学模型。在位错累积与动态恢复作用的共同竞争下，其共同作用结果可用加工硬化率（θ）表示，见式（3-7）：

$$\theta = f(\sigma)\frac{\partial\sigma}{\partial\varepsilon}\Big|_{T,\dot{\varepsilon}} \tag{3-7}$$

式中，T 是温度；$\dot{\varepsilon}$ 是材料的应变速率。

在 T 和 $\dot{\varepsilon}$ 为一定值的条件下，θ 是 σ 的函数。根据 22MnB5 的应力 - 应变曲线（图 3-7）可获得其 $\theta-\sigma$ 关系曲线，如图 3-12 所示。

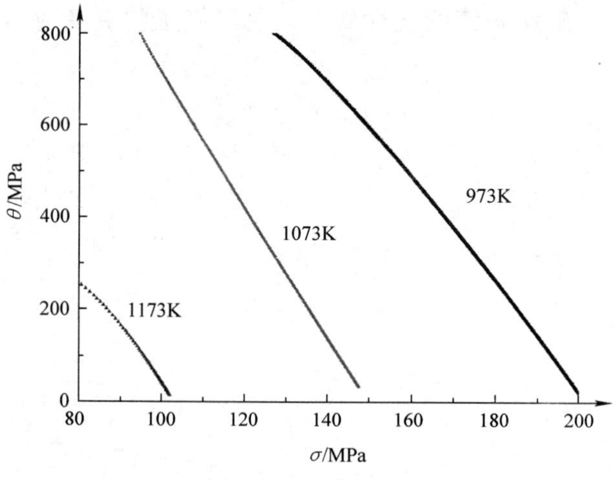

a)

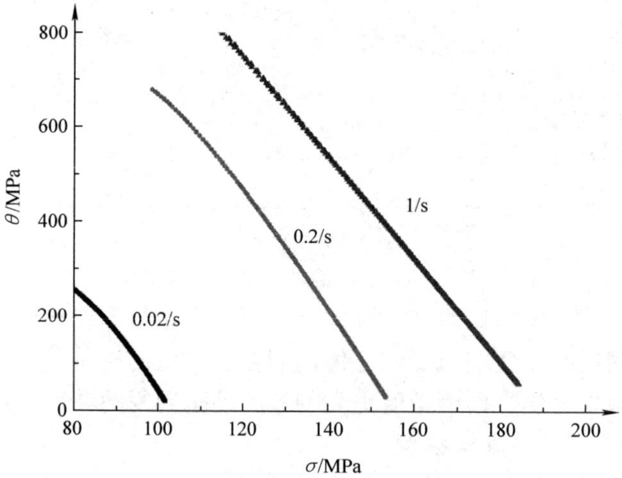

b)

图 3-12　$\theta-\sigma$ 关系曲线

a）$\dot{\varepsilon}=0.02/\mathrm{s}$　b）$T=1173\mathrm{K}$

由图 3-12 可知，加工硬化率随着应力的增加而近乎直线下降，当 θ 接近于 0 时意味着流动应力达到稳态应力（σ_p），不再继续增加。由于 θ 与 σ 几乎呈线性关系，可用 Kocks 模型[21]对其进行数值拟合，见式（3-8）：

$$\theta = \frac{d\sigma}{d\varepsilon} = A - B\sigma \tag{3-8}$$

式中，A 和 B 为材料参数，通过对图 3-12 中的曲线进行线性拟合即可获得。

对式（3-8）进行积分，并考虑到边界条件，$\varepsilon = 0$ 时，$\sigma = \sigma_0$，可得本构关系式（3-9）：

$$\sigma = \sigma_p - (\sigma_p - \sigma_0)\exp(-B\varepsilon) \tag{3-9}$$

由于 σ_p 为稳态应力，即 $\theta = 0$ 时的应力，则 σ_p 可表达为式（3-10）：

$$\sigma_p = A/B \tag{3-10}$$

σ_0 为初始屈服应力，可根据试验获得。根据王进等的研究[22]，σ_0 的数学模型可采用式（3-11）来描述：

$$\sigma_0 = k_1 Z^{n_1} \tag{3-11}$$

式中，k_1、n_1 为材料常数；Z 为 Zener – Hollomon 参数，其物理意义是温度补偿的应变率因子，可表示为 $\dot{\varepsilon}$ 和 T 的函数，见式（3-12）：

$$Z = \dot{\varepsilon}\exp\left(\frac{Q}{GT}\right) \tag{3-12}$$

式中，Q 为形变激活能（kJ/mol）；G 为气体常数。由于材料热变形时的流变应力对应变速率及温度的依赖性可以由双曲正弦函数反映[23]，σ_p 又可由 Arrhenius 方程确定，见式（3-13）：

$$\dot{\varepsilon} = \psi[\sinh(\alpha\sigma_p)]^{n_2}\exp\left(-\frac{Q}{GT}\right) \tag{3-13}$$

式中，ψ、n_2、α 是材料常数。

2）Zener – Hollomon 参数的确定。根据式（3-12）和式（3-13），可获得式（3-14）：

$$Z = \dot{\varepsilon}\exp\left(\frac{Q}{GT}\right) = \psi[\sinh(\alpha\sigma_p)]^{n_2} \tag{3-14}$$

由于式（3-14）中有 4 个未知量，即 ψ、n_2、α 和 Q，所以不能直接用线性回归来确定这 4 个未知量的值。先给定 α 的值，通过对试验数据拟合来确定 ψ、n_2、Q 的值和误差值，将误差的平方和作为 α 的函数，通过确定函数的最小值来确定 $\alpha = 0.002$[24]。α 的值确定后即可计算 ψ、n_2 和 Q 的值。

对式（3-14）求自然对数可得式（3-15）：

$$\ln\dot{\varepsilon} + \frac{Q}{G} \times \frac{1}{T} = \ln\psi + n_2\ln[\sinh(\alpha\sigma_p)] \tag{3-15}$$

由式（3-15）可得当温度（T）恒定时，有式（3-16）：

$$\frac{\partial \ln[\sinh(\alpha\sigma_p)]}{\partial \ln\dot{\varepsilon}}\Big|_{T=\text{常数}} = \frac{1}{n_2} \tag{3-16}$$

而当应变速率（$\dot{\varepsilon}$）恒定时，可获得式（3-17）：

$$n_2 \frac{\partial \ln[\sinh(\alpha\sigma_p)]}{\partial \frac{1}{T}}\Big|_{\dot{\varepsilon}=\text{常数}} = Q \tag{3-17}$$

根据式（3-16）和式（3-17），做出不同变形温度下$\partial\ln[\sinh(\alpha\sigma_p)]-\ln\dot{\varepsilon}$和不同应变速率下$\partial\ln[\sinh(\alpha\sigma_p)]-1/T$的关系图，如图3-13及图3-14所示。对图3-13及图3-14中的曲线进行线性拟合可得$n_2=6.1798$、$Q=208.787\text{kJ/mol}$、$\psi=8.3037\times10^{11}$。

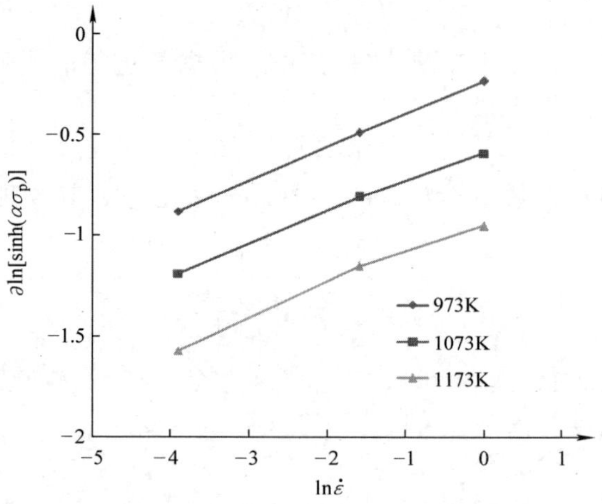

图3-13　不同变形温度下$\partial\ln[\sinh(\alpha\sigma_p)]-\ln\dot{\varepsilon}$关系图

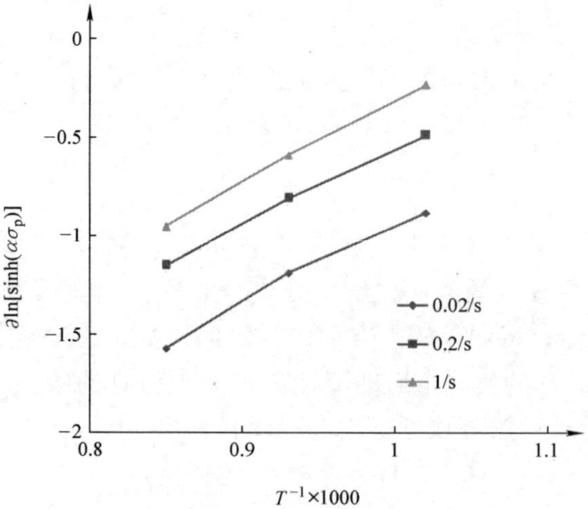

图3-14　不同应变速率下$\partial\ln[\sinh(\alpha\sigma_p)]-1/T$的关系图

至此，22MnB5钢板基于动态回复的高温本构关系式即式（3-9）中所有未知参数均已确定，见式（3-18）。根据式（3-18）本构关系式预测的应力－应变曲线与试验曲线比较如图3-15所示，预测精度较高，且更加具有物理意义。

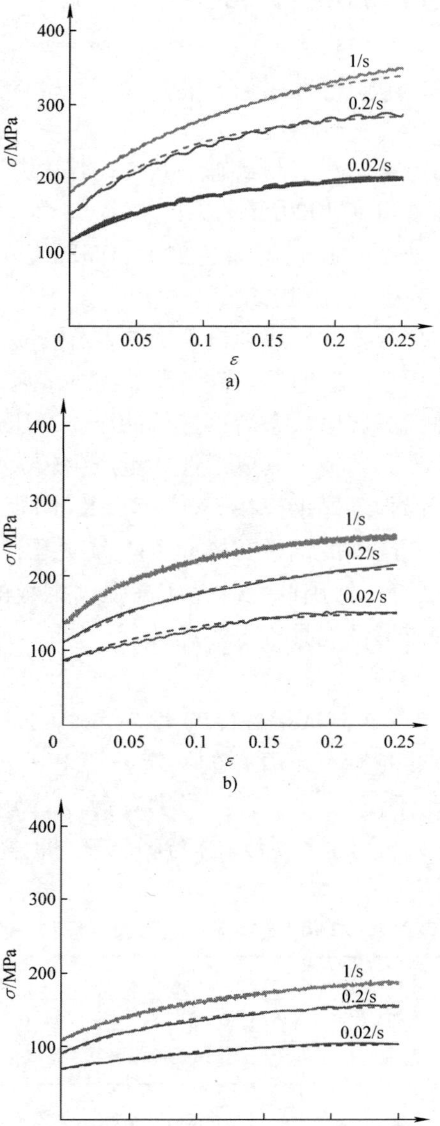

图3-15　试验获得的（实线）与式（3-18）预测的（虚线）高温应力－应变曲线比较

a）$T=973\text{K}$　b）$T=1073\text{K}$　c）$T=1173\text{K}$

$$\sigma = \frac{A}{B} - \left(\frac{A}{B} - k_1 Z^{n_1}\right) e^{-B\varepsilon} \tag{3-18}$$

式中，A、B、k_1、n_1 为材料常数，根据试验数据拟合得来；$Z = \psi[\sinh(\alpha A/B)]^{n_2}$；其中，$\psi = 8.3037 \times 10^{11}$，$\alpha = 0.002$，$n_2 = 6.1798$。

3.4 超高强度硼钢板的成形性能

超高强度钢板的特点是，在轧制状态下其抗拉强度并不是很高，通过热成形或热处理之后其抗拉强度可达 1000MPa 以上。Arcelor 公司生产的超高强度硼钢板 USIBOR 1500 具有淬火后抗拉强度能达到 1500MPa 级别以上的特点，是目前汽车工业所常采用的最高强度级别的钢板。

由于热冲压成形和传统冷冲压成形机理上的差异，板材在高温状态下的力学性能和成形性能是不能用在一般室温条件下所获得的经验与理论来表征的，且热冲压工艺是将钢板加热到奥氏体状态后再进行冲压，冲压过程中伴随着温度的不断下降，钢板内部组织发生转变，其成形性能也产生较大变化。

根据研究可知，超高强度硼钢板在 873 ~ 1173K 不同温度段下具有不同的高温力学性能，也就是说超高强度钢板在热冲压成形过程中，其力学性能和成形性能是随着温度不断变化的[25]。因此，研究超高强度钢板的不同高温段成形极限对研究超高强度钢板的成形性能具有重要意义。

3.4.1 常温成形性能

n 值和 r 值是用来衡量板材成形性能的重要指标，按照标准《金属材料　薄板和薄带　拉伸应变硬化指数（n 值）的测定》[26] 和《金属材料　薄板和薄带　塑性应变比（r 值）的测定》[27] 对超高强度硼钢板 22MnB5 的 n 值和 r 值分别进行测定，其中在 r 值的测定时，试样拉伸到 15% 时即停止变形，进行测量，获得的结果见表 3-4。

表 3-4　22MnB5 钢板常温下的 n 值和 r 值

轧制方向	0°	45°	90°	均值
n 值	0.2731	0.287	0.2672	0.276
r 值	0.81	0.77	0.85	0.8

从表 3-4 中可知，该原始板料的 r 值均值为 0.8，在变形的过程中厚度方向较平面方向容易发生变形，冷冲压性能相对较差。

3.4.2 高温成形性能

按照本书第 2.2 所描述的成形极限测定方法，对高温下的 22MnB5 的成形性能进行试验。通过红外测温仪测量板料温度，初始平均胀形温度为 1183K 的试样，终了温度为 1168K；初始平均胀形温度为 1086K 的试样，终了温度为 1069K。由于模具与板料之间的接触及空气对板料的冷却作用，板料表面温度会发生变化。但是，在整个胀形过程中，板料的温降基本在 15K 左右。因此，两组试验条件下，板料所呈现的力学性能可以认为是在 1173K 和 1073K 下的。

成形温度在 1173K、1073K 时的成形极限图（FLD）如图 3-16 和图 3-17 所示。

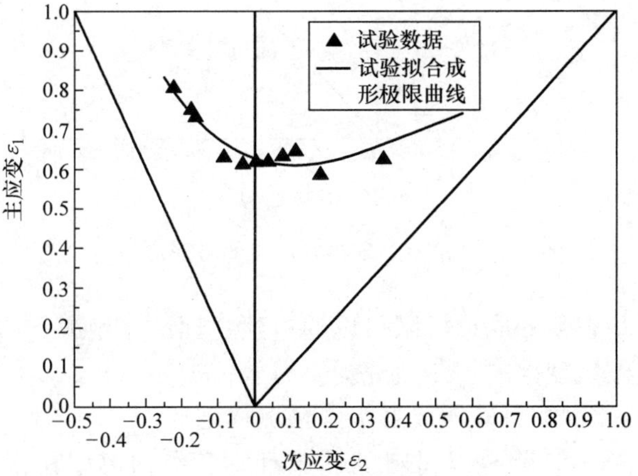

图 3-16　1173K 超高强度硼钢板 FLD

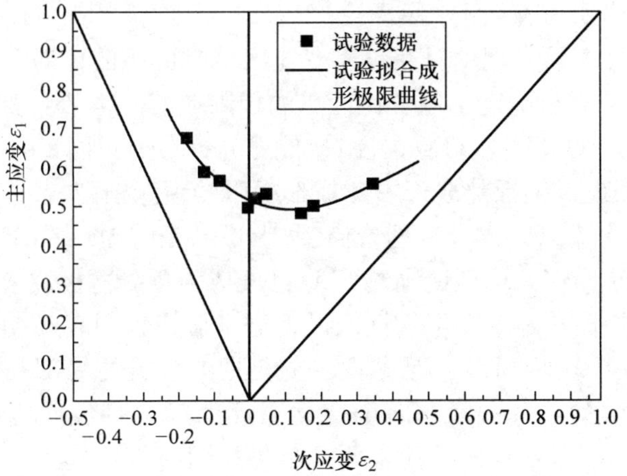

图 3-17　1073K 超高强度硼钢板 FLD

图 3-18 所示为 1073K 和 1173K 时的成形极限对比。从图 3-18 可以看出，1173K 时的成形极限曲线（FLC）高于 1073K 时的，并且在不同高温段下，钢板呈现出不同的成形性能，并且其成形极限随着温度的升高而增大。同时，超高强

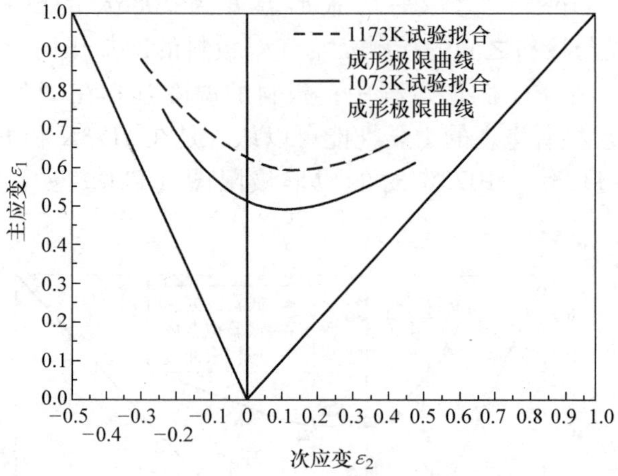

图 3-18　1073K 和 1173K 时的成形极限对比

度硼钢板在高温状态下的成形极限可以通过建立理论模型进行预测，为超高强度钢板热冲压成形破裂现象的控制研究提供有效依据。

3.4.3　超高强度硼钢板热冲压成形极限预测模型

用理论来预测 FLD 都是以材料的屈服准则、本构模型和相关的流动法则为依据，通过采用不同的屈服准则和塑性本构关系，利用不同的拉伸失稳准则作为判断缩颈与破裂的条件来进行解析的。根据描述失效条件的不同，涌现出了一批成形极限理论，即 Hill 塑性失稳理论[28]、S－R 理论[29]、M－K 沟槽理论[30]等。Hill 关于局部缩颈的理论只在负应变比区域时可靠的，即 FLD 的左边。M－K 沟槽理论主要被用来确定正应变比区域的极限应变。本节主要利用 Hill 塑性失稳理论和 M－K 沟槽理论对 FLD 的左边和右边分别进行预测。

3.4.3.1　超高强度硼钢板热成形右侧成形极限的预测模型

1）M－K 理论模型。M－K 理论模型[30]最初是由 Marciniak 等提出，经过许多学者的不断完善，M－K 理论预测 FLD 已经成为预测薄板成形极限最常用的方法。M－K 理论的核心是厚度不均性假设，通常假设板料存在初始的沟槽来表示这种不均性，如图 3-19 所示。厚度不均主要是由板料的局部晶粒大小变化、组织结构及合金成分等物理因素和厚度变化引起的（物理性质方面的不均可等效为板厚不均）。当这种带沟槽的薄板两端施加拉力时，变形集中在板料厚度小的槽内板料，因而，槽内板料厚度变薄比槽外板料厚度变薄快。当沟槽内板料达到平面应变状态时，材料达到最大的承载能力[31]。

根据塑性变形中体积不变条件可获得

$$d\varepsilon_1+d\varepsilon_2+d\varepsilon_3=0 \tag{3-19}$$

根据 A 区和 B 区界面力平衡条件可获得

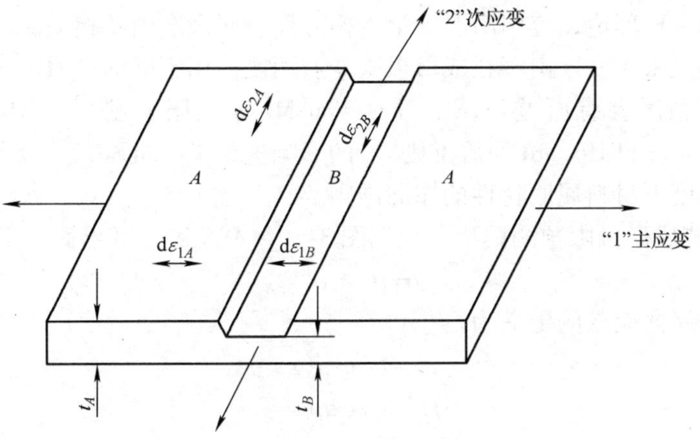

图 3-19　M－K 理论模型

$$\sigma_{nn}^{A} t_A = \sigma_{nn}^{B} t_B \tag{3-20}$$

$$\sigma_{nt}^{A} t_A = \sigma_{nt}^{B} t_B \tag{3-21}$$

式中，σ_{nn}^{A}（σ_{nn}^{B}）和 σ_{nt}^{A}（σ_{nt}^{B}）分别为图 3-19 所示 A 区（B 区）界面上沿法向和切向的应力分量；t_A（t_B）分别为 A 区（B 区）板料的厚度。

A 区和 B 区界面上应变协调条件为

$$d\varepsilon_{2A} = d\varepsilon_{2B} \tag{3-22}$$

由于 M－K 理论的沟槽垂直于主应变方向，无论在 FLD 的左侧还是右侧，均与 22MnB5 钢板高温下缩颈方式吻合。因此，当沟槽内板料（B 区）的应变状态向平面应变状态偏移时，材料达到其最大的承载能力。此时槽外材料（A 区）的应变可视为板料的极限应变。因此，该模型可以作为计算硼钢板的成形极限的理论依据。

2）热成形极限计算体系框架。基于 M－K 理论模型和塑性成形基本理论，图 3-20 给出了超高强度硼钢板高温成形极限的理论计算结构。根据温度 T 下的材料高温力学本构方程，再寻求能够更好描述该温度下材料屈服特性的屈服准则，通过该理论计算程序就可以求得对应于温度 T 下的材料的 FLD。

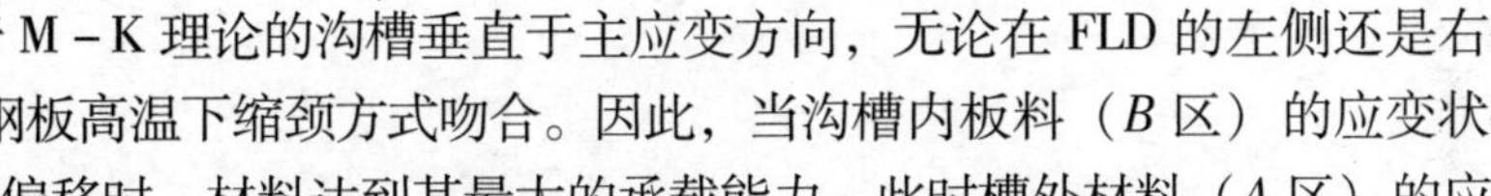

图 3-20　超高强度硼钢板高温成形极限的理论计算结构

根据 M－K 理论，应用高温力学本构方程、屈服准则及相关流动准则，可以获得板料的极限应变。由于在成形极限左右两侧，用不同的屈服准则来预测所获得成形极限精度会有所差异，本章对 Von Mises 屈服准则[32]、Hill 48 屈服准则[33]和 Logan and Hosford 屈服准则[34]的影响进行了分析研究，以期获得能够准确描述该温度下材料屈服特性的屈服准则。

3）右侧成形极限预测模型。根据图 3-19，A 区和 B 区界面力平衡条件为

$$\sigma_{1A}t_A=\sigma_{1B}t_B \tag{3-23}$$

又根据厚向应变的定义为

$$t_A=t_{0A}\exp(\varepsilon_{3A}) \tag{3-24}$$

$$t_B=t_{0B}\exp(\varepsilon_{3B}) \tag{3-25}$$

式中，$t_{0A}(t_{0B})$和 $\varepsilon_{3A}(\varepsilon_{3B})$分别是 A 区（B 区）板料的初始厚度和厚向应变。则得到式（3-26）：

$$\sigma_{1A}\exp(\varepsilon_{3A})=f_0\sigma_{1B}\exp(\varepsilon_{3B}) \tag{3-26}$$

式中，$f_0=\dfrac{t_{0B}}{t_{0A}}$，板料的初始厚度比值。

令 $\varphi=\dfrac{\bar{\sigma}}{\sigma_1}$，则将材料本构关系即式（3-5）代入式（3-26）得

$$\frac{1}{\varphi_A}\dot{\bar{\varepsilon}}_A^{c+dT}\bar{\varepsilon}_A^{a+bT}\exp(\varepsilon_{3A})=f_0\frac{1}{\varphi_B}\dot{\bar{\varepsilon}}_B^{c+dT}\bar{\varepsilon}_B^{a+bT}\exp(\varepsilon_{3B}) \tag{3-27}$$

即

$$\frac{\varphi_B}{\varphi_A}=f_0\exp(\varepsilon_{3B}-\varepsilon_{3A})\left(\frac{\dot{\bar{\varepsilon}}_B}{\dot{\bar{\varepsilon}}_A}\right)^{c+dT}\left(\frac{\bar{\varepsilon}_B}{\bar{\varepsilon}_A}\right)^{a+bT} \tag{3-28}$$

在计算过程中，$\bar{\varepsilon}$ 的增加是以 $\Delta\bar{\varepsilon}$ 连续增加的，因此，式（3-27）可表达为

$$\frac{1}{\varphi_A}\Delta\bar{\varepsilon}_A^{c+dT}(\bar{\varepsilon}_A+\Delta\bar{\varepsilon}_A)^{a+bT}\exp(\varepsilon_{3A})=f_0\frac{1}{\varphi_B}\Delta\bar{\varepsilon}_B^{c+dT}(\bar{\varepsilon}_B+\Delta\bar{\varepsilon}_B)^{a+bT}\exp(\varepsilon_{3B}) \tag{3-29}$$

根据功等效原理可得

$$\bar{\sigma}\dot{\bar{\varepsilon}}=\sigma_1\dot{\varepsilon}_1+\sigma_2\dot{\varepsilon}_2=\sigma_1\dot{\varepsilon}_1(1+\alpha\rho) \tag{3-30}$$

式中，$\alpha=\dfrac{\sigma_2}{\sigma_1}$，$\rho=\dfrac{\dot{\varepsilon}_2}{\dot{\varepsilon}_1}$。

令 $\beta=\dfrac{\Delta\bar{\varepsilon}}{\Delta\varepsilon_1}$，则

$$\beta=\frac{1+\alpha\rho}{\varphi} \tag{3-31}$$

因此，式（3-29）可化简为

$$\frac{1}{\varphi_A}\left(\frac{\beta_A}{\rho_A}\right)^{c+dT}(\bar{\varepsilon}_A+\Delta\bar{\varepsilon}_A)^{a+bT}\exp(\varepsilon_{3A})=f_0\frac{1}{\varphi_B}\left(\frac{\beta_B}{\rho_B}\right)^{c+dT}(\bar{\varepsilon}_B+\Delta\bar{\varepsilon}_B)^{a+bT}\exp(\varepsilon_{3B})$$

(3-32)

此即超高强度硼钢板右侧成形极限的预测模型。

在式（3-32）中，β 为 α 和 ρ 的函数，而对于不同的屈服准则，α 和 ρ 之间存在不同的关系，下面对不同屈服准则下 α 和 ρ 之间的关系进行了推导。

1）基于 Von Mises 屈服准则。对于 Von Mises 屈服准则，其平面应力状态下的表达式为[32]

$$f(\sigma_1、\sigma_2)=2(\sigma_1^2+\sigma_2^2-\sigma_1\sigma_2)=2\bar{\sigma}^2 \tag{3-33}$$

则

$$\varphi=\frac{\bar{\sigma}_1}{\sigma_1}=\frac{\sqrt{\sigma_1^2+\sigma_2^2-\sigma_1\sigma_2}}{\sigma_1}=\sqrt{1+\alpha^2-\alpha} \tag{3-34}$$

根据材料的流动方程式（3-35）和应力应变关系，可获得 α 和 ρ 之间的关系式，见式（3-36）。

$$d\varepsilon_{ij}=d\lambda\frac{\partial f}{\partial\sigma_{ij}} \tag{3-35}$$

式中，$d\lambda=\dfrac{d\bar{\varepsilon}}{\bar{\sigma}}$。

则

$$\rho=\frac{\dot{\varepsilon}_2}{\dot{\varepsilon}_1}=\frac{\varepsilon_2}{\varepsilon_1}=\frac{d\varepsilon_2}{d\varepsilon_1}=\frac{4\sigma_2-2\sigma_1}{4\sigma_1-2\sigma_2}=\frac{2\sigma_2-\sigma_1}{2\sigma_1-\sigma_2}=\frac{2\alpha-1}{2-\alpha} \tag{3-36}$$

2）基于 Hill 48 屈服准则。对于 Hill 48 屈服准则，其平面应力状态下的表达式为[33]

$$\sigma_1^2-\frac{2R}{1+R}\sigma_1\sigma_2+\sigma_2^2=\bar{\sigma}^2 \tag{3-37}$$

则

$$\varphi=\frac{\bar{\sigma}_1}{\sigma_1}=\frac{\sqrt{\sigma_1^2-\dfrac{2R}{1+R}\sigma_1\sigma_2+\sigma_2^2}}{\sigma_1}=\sqrt{1+\alpha^2-\frac{2R}{1+R}\alpha} \tag{3-38}$$

$$\alpha=\frac{R(\rho+1)+\rho}{R(\rho+1)+1} \tag{3-39}$$

3）基于 Logan and Hosford 屈服准则。对于 Logan and Hosford 屈服准则，其平面应力状态下的表达式为[34]

$$|\sigma_1|^a+|\sigma_2|^a+R|\sigma_1-\sigma_2|^a=(R+1)\bar{\sigma}^a \tag{3-40}$$

则

$$\varphi = \frac{\bar{\sigma}_1}{\sigma_1} = \left[\frac{1}{R+1}(1 + |\alpha|^a + R\ |1-\alpha|^a)\right]^{\frac{1}{a}} \tag{3-41}$$

$$\alpha = \frac{R^{\frac{1}{a-1}}\left[(\rho+1)^{a-1} + \left(\frac{\rho}{R}\right)^{a-1}\right]}{R^{\frac{1}{a-1}}(\rho+1)^{a-1} + 1} \tag{3-42}$$

式中，a 的取值依赖于材料的晶格类型，对于面心立方晶格材料取 6，对于体心立方晶格材料取 8 ~ 10。

3.4.3.2 超高强度硼钢板热成形左侧成形极限的预测模型

对于左侧成形极限的计算，基于 Hill 集中性失稳模型[28]来建立预测超高强度硼钢板左侧 FLD 的修正模型。在该修正模型的计算中，采用了 Hill 理论模型的应变路径变化趋势，而平面应变处极限的大小为基于 M－K 理论计算出的应变 ε_1^{PS}。基本推导过程如下。

Hill 的集中性失稳条件为

$$\dot{\sigma}_1 = \sigma_1(\dot{\varepsilon}_1 + \dot{\varepsilon}_2) \tag{3-43}$$

假设材料满足：

（1）屈服函数为

$$\bar{\sigma} = \bar{\sigma}(\sigma_1,\ \sigma_2) \tag{3-44}$$

（2）本构关系表达为

$$\bar{\sigma}(\sigma_1, \sigma_2) = \sigma(\bar{\varepsilon}_{\mathrm{p}}) \tag{3-45}$$

两边求导得

$$\dot{\bar{\sigma}} = \frac{\partial\bar{\sigma}}{\partial\sigma_1}\dot{\sigma}_1 + \frac{\partial\bar{\sigma}}{\partial\sigma_2}\dot{\sigma}_2 = \frac{\mathrm{d}\sigma}{\mathrm{d}\,\bar{\varepsilon}_{\mathrm{p}}}\dot{\bar{\varepsilon}}_{\mathrm{p}} \tag{3-46}$$

（3）流动准则

$$\dot{\varepsilon}_i = \dot{\bar{\varepsilon}}_{\mathrm{p}}\frac{\partial\bar{\sigma}_{\mathrm{p}}}{\partial\sigma_i} \tag{3-47}$$

一般取 $\bar{\sigma}_{\mathrm{p}} = \bar{\sigma}(\sigma_1, \sigma_2)$。

对于左侧成形极限的预测，也分别采用 Von Mises 屈服准则[32]、Hill 48 屈服准则[33]和 Logan and Hosford 屈服准则[34]进行成形极限预测。以下是各屈服准则下的预测模型。

1. 基于 Von Mises 屈服准则

由 Von Mises 屈服准则及流动准则可得

$$\begin{aligned}
\dot{\bar{\sigma}} &= \frac{\partial\bar{\sigma}}{\partial\sigma_1}\dot{\sigma}_1 + \frac{\partial\bar{\sigma}}{\partial\sigma_2}\alpha\,\dot{\sigma}_1 \\
&= \left(\frac{\partial\bar{\sigma}}{\partial\sigma_1}\right)^2\sigma_1(1+\rho)\dot{\bar{\varepsilon}}_{\rm p} + \frac{\partial\bar{\sigma}}{\partial\sigma_2}\alpha\sigma_1(1+\rho)\frac{\partial\bar{\sigma}}{\partial\sigma_1}\dot{\bar{\varepsilon}}_{\rm p} \\
&= \frac{(2\sigma_1-\sigma_2)^2\sigma_1+\sigma_2(2\sigma_1-\sigma_2)(2\sigma_2-\sigma_1)}{(2\bar{\sigma})^2}(1+\rho)\dot{\bar{\varepsilon}}_{\rm p} \\
&= \frac{2\sigma_1-\sigma_2}{2\bar{\sigma}}\,\frac{(2\sigma_1-\sigma_2)\sigma_1+\sigma_2(2\sigma_2-\sigma_1)}{2\bar{\sigma}}(1+\rho)\dot{\bar{\varepsilon}}_{\rm p} \\
&= \frac{\partial\bar{\sigma}}{\partial\sigma_1}\bar{\sigma}(1+\rho)\dot{\bar{\varepsilon}}_{\rm p} = \frac{{\rm d}\sigma}{{\rm d}\bar{\varepsilon}_{\rm p}}\dot{\bar{\varepsilon}}_{\rm p}
\end{aligned} \tag{3-48}$$

所以，

$$\frac{{\rm d}\sigma}{{\rm d}\bar{\varepsilon}_{\rm p}} = (1+\rho)\frac{\partial\bar{\sigma}}{\partial\sigma_1}\bar{\sigma} \tag{3-49}$$

对于幂指型本构 $\sigma = K\bar{\varepsilon}_{\rm p}^n$，则可化成：

$$\bar{\varepsilon}_{\rm p} = \frac{2n\,(1+\alpha^2-\alpha)^{\frac{1}{2}}}{(1+\rho)(2\sigma_1-\sigma_2)} \tag{3-50}$$

又在线性加载条件下，由流动准则和 Von Mises 屈服准则可得

$$\varepsilon_1 = \bar{\varepsilon}_{\rm p}\frac{2\sigma_1-\sigma_2}{\sqrt{\sigma_1^2+\sigma_2^2-\sigma_1\sigma_2}} \tag{3-51}$$

可得

$$\begin{aligned}
\varepsilon_1 &= \bar{\varepsilon}_{\rm p}\frac{2\sigma_1-\sigma_2}{\sqrt{\sigma_1^2+\sigma_2^2-\sigma_1\sigma_2}} \\
&= \frac{2n\,(1+\alpha^2-\alpha)^{\frac{1}{2}}}{(1+\rho)(2\sigma_1-\sigma_2)}\,\frac{2\sigma_1-\sigma_2}{\sqrt{\sigma_1^2+\sigma_2^2-\sigma_1\sigma_2}} \\
&= \frac{n}{1+\rho}
\end{aligned} \tag{3-52}$$

则可得

$$\begin{pmatrix}\varepsilon_1\\ \varepsilon_2\end{pmatrix} = \begin{pmatrix}\dfrac{n}{(1+\rho)}\\ \dfrac{n\rho}{(1+\rho)}\end{pmatrix} \tag{3-53}$$

式中，ρ 的取值在 $-0.5\sim0$ 之间。

根据上述的预测模型，对应的 $\rm FLD_0$ 的应变 $\varepsilon_1 = n$。通过 Hill 失稳理论预测 FLD，曲线位置的高低主要由 n 值决定。本书基于 Hill 集中性失稳理论和 Von Mises 屈服准则，推导出了预测超高强度硼钢板左侧 FLD 的计算模型，具体形式为

$$\begin{pmatrix} \varepsilon_1 \\ \varepsilon_2 \end{pmatrix} = \begin{pmatrix} \dfrac{\varepsilon_1^{PS}}{(1+\rho)} \\ \dfrac{\varepsilon_1^{PS}\rho}{(1+\rho)} \end{pmatrix} \tag{3-54}$$

2. 基于 Hill 48 屈服准则

根据同样的方法，应用 Hill 48 屈服准则所获得的预测超高强度硼钢板左侧 FLD 的计算模型为

$$\begin{pmatrix} \varepsilon_1 \\ \varepsilon_2 \end{pmatrix} = \begin{pmatrix} \dfrac{1+(1-\alpha)R}{(1+\alpha)}\varepsilon_1^{PS} \\ \dfrac{\alpha-(1-\alpha)R}{(1+\alpha)}\varepsilon_1^{PS} \end{pmatrix} \tag{3-55}$$

式中，

$$\alpha = \frac{R(\rho+1)+\rho}{R(\rho+1)+1} \tag{3-56}$$

对于 ρ 在 $-0.5\sim0$ 应变路径下，可以求得左侧的 FLD。

3. 基于 Logan and Hosford 屈服准则

根据同样的方法，基于 Logan and Hosford 屈服准则，所获得的预测超高强度硼钢板左侧 FLD 的计算模型为

$$\begin{pmatrix} \varepsilon_1 \\ \varepsilon_2 \end{pmatrix} = \begin{pmatrix} \dfrac{1+R(1-\alpha)^{(a-1)}}{(1+\alpha^{(a-1)})}\varepsilon_1^{PS} \\ \dfrac{\alpha^{(a-1)}-(1-\alpha)^{(a-1)}R}{(1+\alpha^{(a-1)})}\varepsilon_1^{PS} \end{pmatrix} \tag{3-57}$$

式中，

$$\alpha = \frac{R^{\frac{1}{a-1}}\left[(\rho+1)^{a-1}+\left(\dfrac{\rho}{R}\right)^{a-1}\right]}{R^{\frac{1}{a-1}}(\rho+1)^{a-1}+1} \tag{3-58}$$

对于 ρ 在 $-0.5\sim0$ 应变路径下，可以求得左侧的 FLD。

3.5 超高强度硼钢板的焊接性能

超高强度钢板在工业上的应用，同样得益于与其相关的同种材料和异种材料的连接技术的发展。连接技术主要体现为材料的焊接性能，尤其是点焊性能，本节对淬火钢与淬火钢（USIBOR 1500）、淬火钢与普通钢（DC04）之间的点焊接头力学性能、组织结构等进行了分析。

试验所用的试样板料厚为 1.7mm。点焊接头试样按照国家标准进行制作[35]（仅参考），具体如图 3-21 所示。工艺参数初始选取参考美国电阻焊接机制造商

协会（RWMA）推荐的低碳钢点焊焊接条件，电极压力 4. 1kN，焊接时间 13 周波，焊接电流 12kA，熔核直径 6. 3mm。通过调整降低焊接时的飞溅，最终确定点焊工艺参数为：电极压力 4. 5kN，焊接时间 30 周波，焊接电流 7. 2kA，熔核直径达到 4. 6mm 以上[36]。焊点的力学性能测试采用 Zwick Z030 型单向拉伸试验机，拉伸速度 10mm/min。

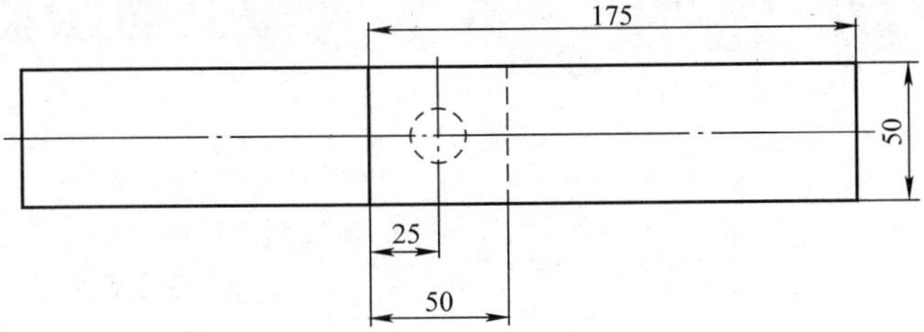

图 3-21　试样尺寸图

3. 5. 1　焊接接头的力学性能分析

抗剪强度是点焊接头最重要的力学性能指标。通过对两种点焊试样进行单向拉伸试验，测量接头的最大承载载荷，结果见表 3-5。

在相同的焊接参数下，超高强度淬火钢板有很好的点焊性能，超高强度淬火钢板点焊接头所能承受的最大载荷明显高于超高强度淬火钢板与普通钢板的点焊接头，而两者均高于普通钢板之间点焊接头的参考承载能力（11kN 左右）。可见，超高强度淬火钢板及超高强度淬火钢板与普通钢板之间点焊接头能够满足强度要求。

表 3-5　两种点焊试样的最大承载载荷

试样	最大承载载荷/kN	
	USIBOR1500 + USIBOR1500	USIBOR1500 + DC04
1	21. 14	12. 41
2	22. 27	11. 99
3	24. 14	12. 37
平均	22. 52	12. 26

3. 5. 2　焊接接头宏观形貌分析

两种点焊接头的熔核截面形貌如图 3-22 所示，从图中可以明显看出两种接头的熔核形成方式有所不同。超高强度淬火钢板之间进行点焊时，熔核内两板的金属成分均匀化，结合界面不明显，熔核与热影响区界线不分明。而超高强度淬火钢板与普通钢板进行点焊时，熔核内金属主要是超高强度淬火钢板，结合界面消失，但熔核与热影响区的界线较为明显，且熔核宽度比超高强度淬火钢板点焊接头的熔核宽度要大 0.5mm 左右。两种接头中均没有裂纹、缩孔等内部缺陷，熔核内部质量良好。

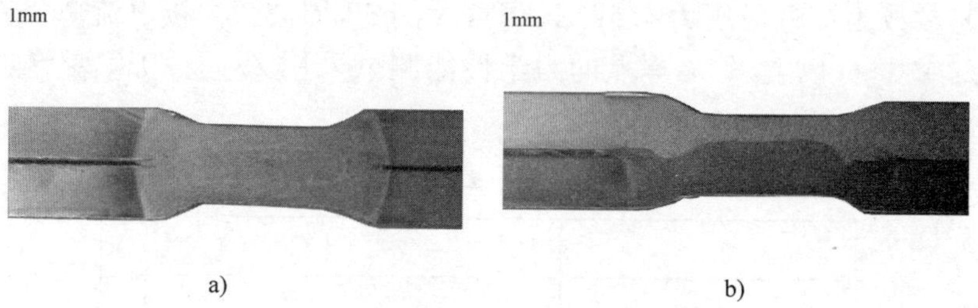

图 3-22　两种点焊接头的熔核截面形貌

a）超高强度淬火钢板之间点焊　b）超高强度淬火钢板与普通钢板之间点焊

3.5.3　焊点的金相分析

图 3-23 和图 3-24 所示为超高强度淬火钢板和普通钢板原始组织。图 3-25 和图 3-26 所示为两种点焊接头的熔核与热影响区分界处、熔核中心处的金相组织照片。

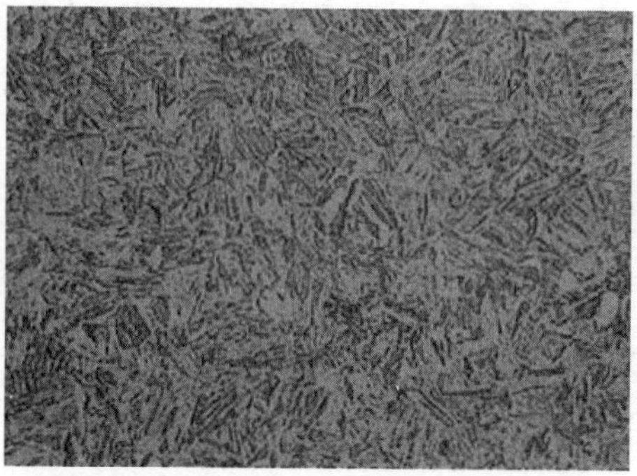

图 3-23　超高强度淬火钢板原始组织

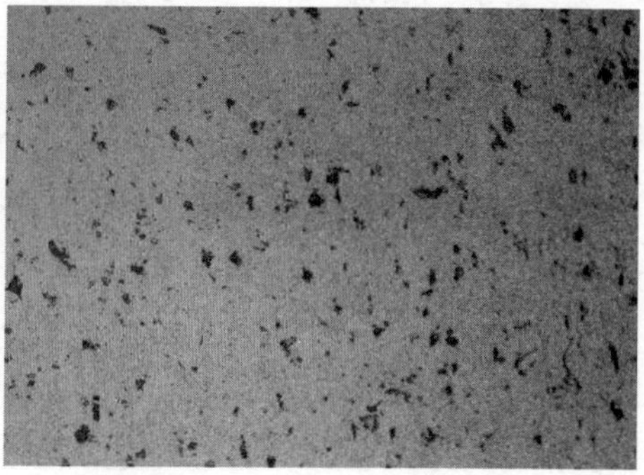

图 3-24　普通钢板原始组织

由图 3-25 可知，超高强度淬火钢板之间点焊的熔核组织与热影响区组织无明显分界线，且两者均保持了淬火钢母材的组织，几乎没有第三相出现，大部分仍为马氏体。而超高强度淬火钢板与普通钢板点焊的熔核组织与热影响区组织界线分明，熔核部分组织成分仍以淬火钢马氏体组织居多，有少部分普通钢板组织成分，热影响区组织与母材相比没有明显变化。

从图 3-26 可知，超高强度淬火钢板点焊接头的熔核中心处有结合界面的痕迹但并不明显，界面两侧组织成分均为马氏体组织且较为均匀，并没有出现其他不均匀组织，界面上也没有明显内部缺陷。超高强度淬火钢板与普通钢板点焊接头的熔核部分组织与前者相比，其组织变得均匀且晶粒细化，混合存在淬火钢组织与普通钢组织两种成分。比较以上各图可知，超高强度淬火钢板点焊时，接头的金相组织成分良好，保持了母材的原始组织。

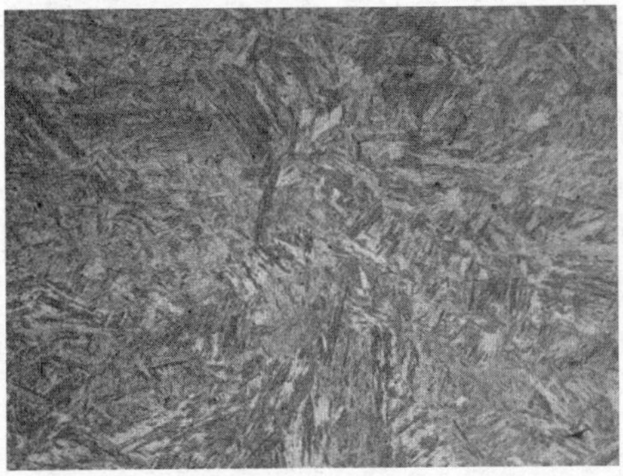

a)

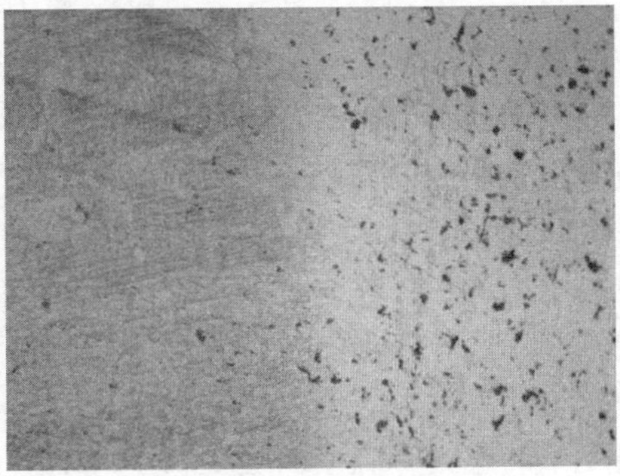

b)

图 3-25　两种点焊接头的熔核与热影响区分界处的金相组织照片

a）超高强度淬火钢板之间点焊　b）超高强度淬火钢板与普通钢板之间点焊

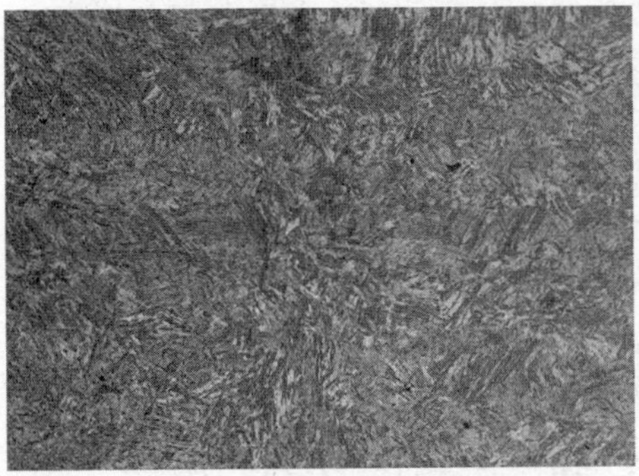

a)

b)

图 3-26　两种点焊接头熔核中心处的金相组织照片

a）超高强度淬火钢板之间点焊　b）超高强度淬火钢板与普通钢板之间点焊

3.6　本章小结

本章结合超高强度硼钢板的成形工艺特点，进行了其性能测试，并给出了典型用硼钢板的物理性能、力学性能及其点焊性能，并分别从宏观和变形机理方面进行了材料本构方程的建立，主要结论如下。

1）温度对硼钢板的弹性模量、泊松比、导热系数、比热容、热膨胀系数等物理性能有影响。随着温度的升高，弹性模量有降低的趋势；比热容和泊松比随着温度的上升有升高的趋势；导热系数和热膨胀系数随着温度的上升有先降后升的趋势；温度和应变速率对硼钢板的力学性能有显著的影响。随着温度的升高，应力显著降低；随着应变速率减少，流动应力也相应减小。

2）在不同高温段下，超高强度硼钢板呈现出不同的成形性能，并且其成形极限随着温度的升高而增大。

3）针对超高强度硼钢板的热力学性能，分别从宏观和变形机理方面建立了材料本构方程：在宏观方面，利用试验获得的不同变形温度下的应力－应变曲线，采用温度修正的井上胜郎流变应力数学模型进行了拟合分析，拟合结果与试验结果相关性较好但存在一定误差；从变形机理方面，基于试验获得的不同变形温度下的应力－应变曲线及Kocks模型，获得了基于动态回复的22MnB5钢板高温本构关系式，拟合曲线与试验曲线吻合好，预测精度高。

4）针对超高强度硼钢板的成形性能，基于M－K理论和Hill局部缩颈理论分别建立了用于描述成形极限图的数学模型，该模型综合考虑了由温度变化引起的力学性能及应变路径的改变对材料极限变形能力的影响，其中M－K模型主要用于正应变比区域的极限应变，Hill模型主要用于负应变比区域的极限应变。

5）基于M－K理论和Hill局部缩颈理论，分别研究了Von Mises屈服准则、Hill 48屈服准则和Logan and Hosford屈服准则的影响。针对不同的屈服准则及各个热态温度下材料的力学特性对各个高温下的FLD进行了理论预测。通过与试验结果的比较分析可知，采用Von Mises屈服准则可以很好地预测超高强度硼钢板的成形极限。

6）超高强度淬火钢板之间或者超高强度淬火钢板与普通钢板之间的点焊性能均能满足强度要求；超高强度淬火钢板之间进行点焊时，熔核内成分均匀，熔核与热影响区界线不分明；而超高强度淬火钢板与普通钢板点焊的熔核与热影响区界线分明，熔核以淬火钢马氏体组织居多，热影响区组织与母材相比没有明显变化。

第 4 章　超高强度硼钢板热成形过程中的相变、机理及控制

超高强度硼钢板热冲压成形及其后续热处理过程（即热机械处理过程）决定了热成形后零件的组织及其再变形性能。高温变形后不同的冷却速率下，超高强度硼钢板可能发生铁素体、贝氏体和马氏体相变，而热处理后零件的组织直接决定了其性能。因此，超高强度硼钢板高温变形及后续冷却过程对铁素体、贝氏体和马氏体相变的影响及其机理是热冲压成形技术中零件微观组织控制及其使用性能控制（即“控性”）的关键理论基础。

4.1　形变奥氏体的扩散相变热力学分析

相变实际是自由能的变化过程，如奥氏体相（γ）向铁素体相、贝氏体相或马氏体相（α）转变的过程中是自由能由高向低的变化过程，相变的热力学分析有助于了解相变的本质过程。

$Fe-\sum X-C$（$X=Si$、Mn、Ni、Mo 等）合金的 $\gamma\rightarrow\alpha$ 相变驱动力可以采用超组元（Superelement）模型来求解，将 $Fe-\sum X$ 视为一个超组元 S，则类似于 Fe－C 合金[37]。多元合金 $Fe-\sum X-C$ 奥氏体中产生先共析铁素体时的自由能变化可表示为

$$\Delta G^{\gamma\rightarrow\alpha+\gamma'}=RT\left[x_C^{\gamma}\ln\left(\frac{a_C^{\gamma/\alpha}}{a_C^{\gamma}}\right)+(1-x_C^{\gamma})\ln\left(\frac{a_S^{\gamma/\alpha}}{a_S^{\gamma}}\right)\right]\tag{4-1}$$

式中，x_C^{γ}为 C 在 γ 相中初始摩尔分数；a_C^{γ}和$a_C^{\gamma/\alpha}$分别为 C 在 γ 相中和 γ/α 相界处 γ 相侧的活度；a_S^{γ}和$a_S^{\gamma/\alpha}$分别为 S 在 γ 相中和 γ/α 相界处 γ 相侧的活度；R 为气体常数。

超组元 S 在 $\gamma\rightarrow\alpha$ 相变的自由能变化[38]可表示为

$$\Delta G_S^{\gamma\rightarrow\alpha}=141\sum x_i(\Delta T_m^i-\Delta T_{nm}^i)+\Delta G_{Fe}^{\gamma\rightarrow\alpha}\{T-100\sum x_i\Delta T_m^i\}\tag{4-2}$$

式中，x_i为置换型合金元素 i 的摩尔分数；ΔT_m^i和 ΔT_{nm}^i分别为自由能的磁性和非磁性分量所对应的温度位移，通常称为 Zener 两参数，彭宁琦等[39]对其进行了修正；“{}”表示 $\Delta G_{Fe}^{\gamma\rightarrow\alpha}$为 $T-100\sum x_i\Delta T_m^i$的函数；$\Delta G_{Fe}^{\gamma\rightarrow\alpha}$为纯铁由 γ 相转变为 α 相时的自由能变化。本书根据张斌等[40]文章，采用如下表达式：

$$\Delta G_{Fe}^{\gamma\rightarrow\alpha}=20853.06-466.35T-0.46304T^2+71.147T\ln T\tag{4-3}$$

α 和 γ 相热力平衡时，根据相平衡原则，在相界处有

$$\mu_{C}^{\alpha/\gamma}=\mu_{C}^{\gamma/\alpha} \tag{4-4}$$

$$\mu_{S}^{\alpha/\gamma}=\mu_{S}^{\gamma/\alpha} \tag{4-5}$$

式中，$\mu_{C}^{\alpha/\gamma}$和$\mu_{C}^{\gamma/\alpha}$分别为 γ/α 相界处 α 相和 γ 相侧 C 的化学位；$\mu_{S}^{\alpha/\gamma}$和$\mu_{S}^{\gamma/\alpha}$分别为 γ/α 相界 α 相和 γ 相侧 S 的化学位。

根据 Moy 和 Hsu[41] 文章，C 在 γ 相中的活度为

$$\ln a_{C}^{\gamma}=\ln\frac{x_{C}^{\gamma}}{1-Z_{\gamma}x_{C}^{\gamma}}+\frac{\Delta\bar{H}_{C}^{\gamma}-\Delta\bar{S}_{\gamma}^{X_S}T}{RT} \tag{4-6}$$

C 在 γ/α 相界 γ 相和 α 相侧中的活度可表达为

$$\ln a_{C}^{\gamma/\alpha}=\ln\frac{x_{C}^{\gamma/\alpha}}{1-Z_{\gamma}x_{C}^{\gamma/\alpha}}+\frac{\Delta\bar{H}_{C}^{\gamma}-\Delta\bar{S}_{\gamma}^{X_S}T}{RT} \tag{4-7}$$

$$\ln a_{C}^{\alpha/\gamma}=\ln x_{C}^{\alpha/\gamma}+\frac{\Delta\bar{H}_{C}^{\alpha}-\Delta\bar{S}_{\alpha}^{X_S}T}{RT} \tag{4-8}$$

式中，$\Delta\bar{H}_{C}^{\gamma}$和$\Delta\bar{H}_{C}^{\alpha}$分别为 C 在 γ 相和 α 相中的偏摩尔焓；$\Delta\bar{S}_{\gamma}^{X_S}$和$\Delta\bar{S}_{\alpha}^{X_S}$分别为 C 在 γ 相和 α 相中的偏摩尔非配置熵。

超组元 S 在 γ 相中的活度为

$$\ln a_{S}^{\gamma}=\frac{1}{Z_{\gamma}-1}\ln\left(\frac{1-Z_{\gamma}x_{C}^{\gamma}}{1-x_{C}^{\gamma}}\right) \tag{4-9}$$

超组元 S 在 γ/α 相界两侧的活度表达式为

$$\ln a_{S}^{\gamma/\alpha}=\frac{1}{Z_{\gamma}-1}\ln\left(\frac{1-Z_{\gamma}x_{C}^{\gamma/\alpha}}{1-x_{C}^{\gamma/\alpha}}\right) \tag{4-10}$$

$$\ln a_{S}^{\alpha/\gamma}=\ln(1-x_{C}^{\alpha/\gamma}) \tag{4-11}$$

其中，

$$Z_{\gamma}=14-12\exp\left(-\frac{\omega_{\gamma}}{RT}\right) \tag{4-12}$$

式中，ω_{γ}为 C 在 γ 相中的 *C—C* 交互作用能。

将式（4-7）、式（4-8）、式（4-10）和式（4-11）代入式（4-4）和式（4-5）可得

$$x_{C}^{\gamma/\alpha}=\frac{1-\varphi}{Z_{\gamma}-\varphi} \tag{4-13}$$

$$x_{C}^{\alpha/\gamma}=\exp\left[\ln\frac{1-\varphi}{\varphi(Z_{\gamma}-1)}-\frac{\Delta\bar{H}_{C}^{\alpha}-\Delta\bar{H}_{C}^{\gamma}-(\Delta\bar{S}_{\alpha}^{X_S}-\Delta\bar{S}_{\gamma}^{X_S})T}{RT}\right] \tag{4-14}$$

其中，

$$\varphi = \exp\left\{(Z_\gamma - 1)\left[\ln(1 - x_C^{\alpha/\gamma}) + \frac{G_S^{\gamma\to\alpha}}{RT}\right]\right\} \tag{4-15}$$

将式（4-6）、式（4-7）、式（4-9）和式（4-10）代入式（4-1）得

$$\Delta G^{\gamma\to\alpha+\gamma'} = RT\left[x_C^\gamma \ln \frac{x_C^{\gamma/\alpha}(1 - Z_\gamma x_C^\gamma)}{x_C^\gamma(1 - Z_\gamma x_C^{\gamma/\alpha})} + \frac{1 - x_C^\gamma}{Z_\gamma - 1}\ln \frac{(1 - x_C^\gamma)(1 - Z_\gamma x_C^{\gamma/\alpha})}{(1 - Z_\gamma x_C^\gamma)(1 - x_C^{\gamma/\alpha})}\right] \tag{4-16}$$

对式（4-13）和式（4-14）通过 Newton – Raphson 迭代法求解出不同温度下的$x_C^{\gamma/\alpha}$[30]，再代入式（4-16）中，可获得相变驱动力 $\Delta G^{\gamma\to\alpha+\gamma'}$。

高温变形使得 γ 相自由能上升，导致平衡相成分和相变驱动力发生变化，变形引起的化学势增量 $\Delta\mu_d$，可表示为

$$\Delta\mu_d = \mu\rho b^2 V_\gamma / 2 \tag{4-17}$$

式中，μ 为剪切模量；b 为 Burgers 矢量；V_γ为 γ 相的摩尔体积；ρ 为位错密度，可通过流动应力式 $\rho = \left(\frac{2.1436\sigma}{\mu b}\right)^2$[42] 计算得出。

由于变形引起自由能升高，则平衡条件式（4-4）和式（4-6）变为

$$\mu_C^{\alpha/\gamma} = \mu_C^{\gamma/\alpha} + \Delta\mu_d \tag{4-18}$$

$$\mu_S^{\alpha/\gamma} = \mu_S^{\gamma/\alpha} + \Delta\mu_d \tag{4-19}$$

式（4-14）和式（4-15）更新为

$$x_{C,d}^{\alpha/\gamma} = \exp\left[\ln \frac{1-\varphi}{\varphi(Z_\gamma - 1)} - \frac{\Delta\bar{H}_C^\alpha - \Delta\bar{H}_C^\gamma - (\Delta\bar{S}_\alpha^{X_S} - \Delta\bar{S}_\gamma^{X_S})T}{RT} - \Delta\mu_d\right] \tag{4-20}$$

其中，

$$\varphi = \exp\left\{(Z_\gamma - 1)\left[\ln(1 - x_C^{\alpha/\gamma}) + \frac{G_S^{\gamma\to\alpha} - \Delta\mu_d}{RT}\right]\right\} \tag{4-21}$$

对式（4-20）和式（4-21）通过 Newton – Raphson 迭代法求解出变形后不同温度下的$x_{C,d}^{\alpha/\gamma}$，再代入式（4-16）中，可获得变形后的相变驱动力。

图 4-1 所示为 22MnB5 钢板在应变速率为 0.5/s 时不同变形温度下及变形温度为 873K 时不同应变速率下的流动应力和变形储能。流动应力随应变及应变速率增加而升高，温度降低将增加流动应力。奥氏体变形后位错密度随变形条件的不同有不同程度的升高。变形条件对变形储能 $\Delta\mu_d$的影响类似于流动应力，但随应变的增长速率大于流动应力。图 4-2 所示为利用超组元模型计算得出的 22MnB5 钢板高温下变形储能对相变驱动力 $\Delta G_d^{\gamma\to\alpha+\gamma'}$和 C 在 γ/α 相界处 γ 相侧含量的影响。显然，变形储能的引入增加了相变驱动力，并使得 γ/α 相界 γ 相侧的碳平衡浓度上升，从而使得两相平衡区右移。

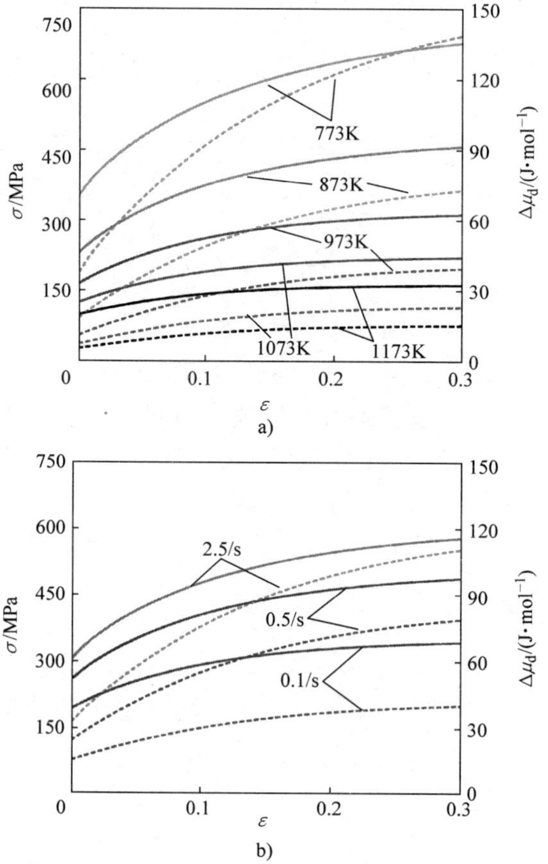

图 4-1　22MnB5 钢板流动应力及变形储能（实线为流动应力，虚线为变形储能）

a）$\dot{\varepsilon}=0.5/\mathrm{s}$　b）$T=873\mathrm{K}$

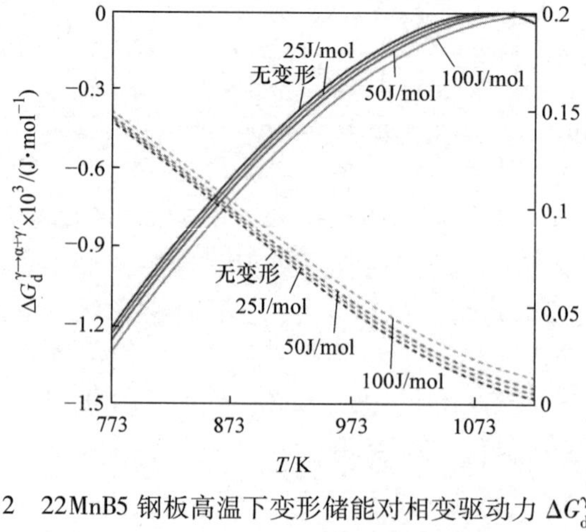

图 4-2　22MnB5 钢板高温下变形储能对相变驱动力 $\Delta G_{\mathrm{d}}^{\gamma\to\alpha+\gamma'}$ 和 C 在 γ/α 相界处 γ 相侧含量的影响（实线为相变驱动力，虚线为 C 的摩尔分数）

4.2 铁素体相变分析

图4-3～图4-6所示为22MnB5钢板试样经过不同高温变形条件、不同冷却速率等工艺条件后的光学金相图。图4-3中试样变形温度为1173K，试件拉伸量分别为4mm和20mm。图4-4～图4-6中试样的变形温度范围均为873～1173K，试样拉伸量分别为4mm和10mm。图4-4中试样应变速率为0.1/s，变形结束后冷却速率为30K/s；图4-5中试样应变速率为0.5/s，变形结束后冷却速率为30K/s；图4-6中试样应变速率为0.5/s，变形结束后冷却速率为90K/s。

图4-7所示为高温变形条件对试样铁素体体积分数和硬度的影响。

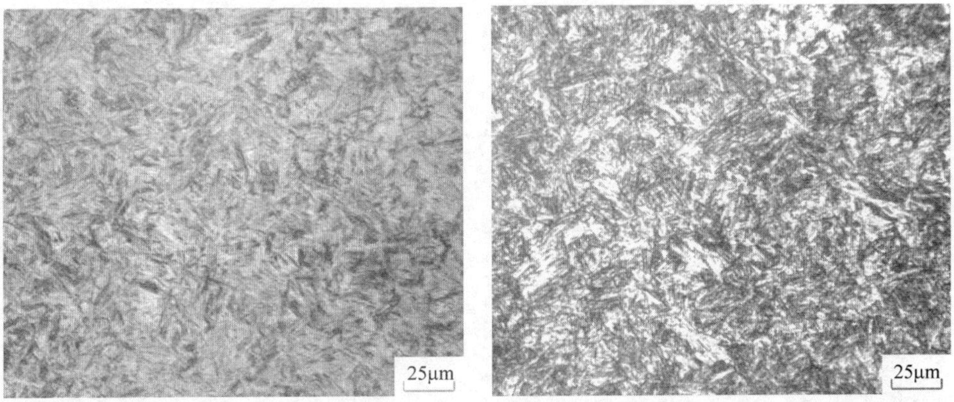

a) b)

图4-3 22MnB5钢板试样在1173K变形后的光学金相图（冷却速率为30K/s，应变速率为0.1/s）

a）应变量为0.129 b）应变量为0.495

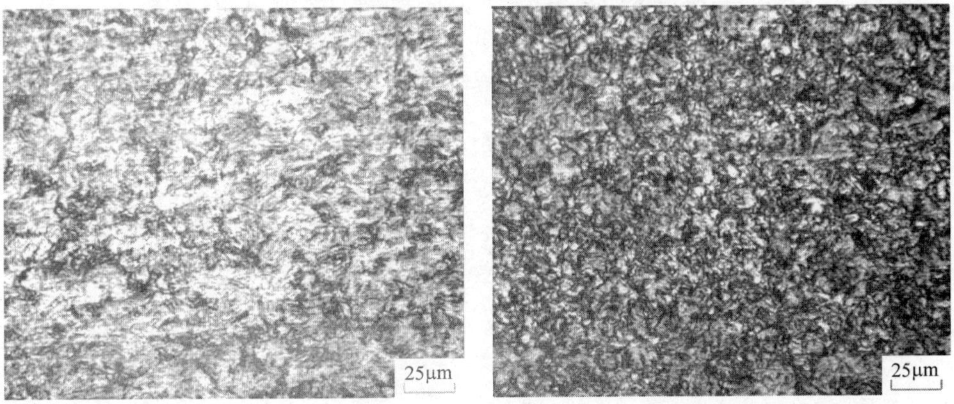

a) b)

图4-4 22MnB5钢板试样高温变形后的光学金相图（冷却速率为30K/s，应变速率为0.1/s）

a）变形温度1073K，应变量0.105 b）变形温度973K，应变量0.098

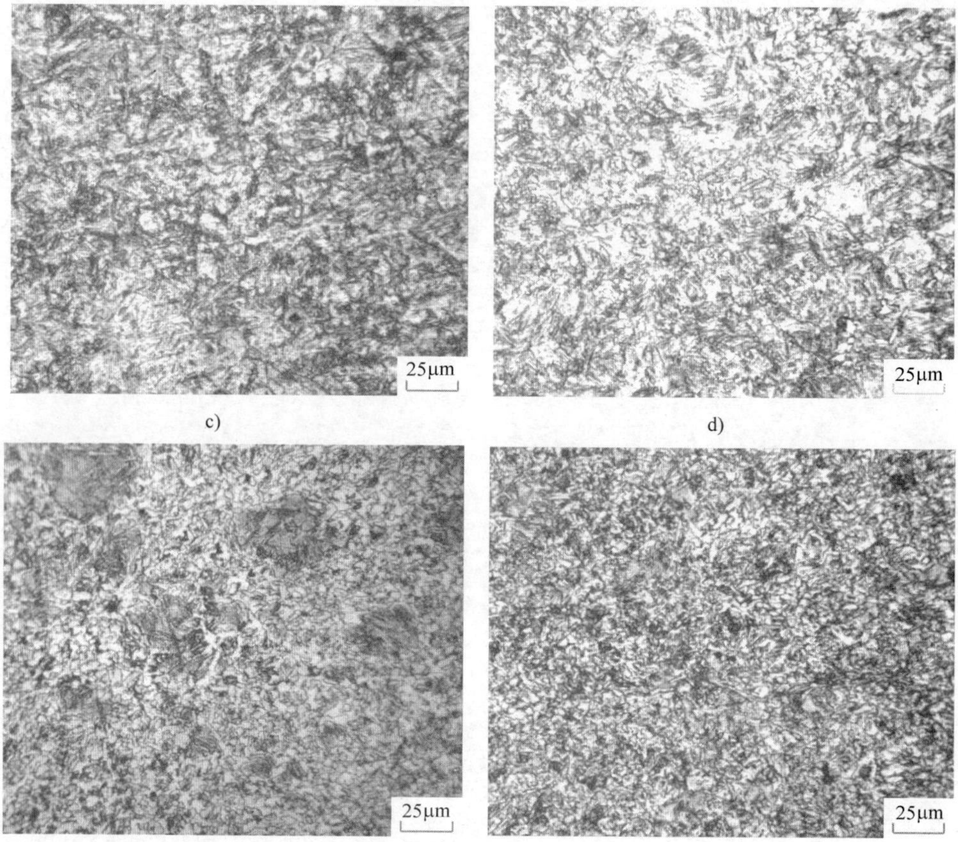

c)　d)　e)　f)

图 4-4　22MnB5 钢板试样高温变形后的光学金相图（冷却速率为 30K/s，应变速率为 0.1/s）（续）

c）变形温度 873K，应变量 0.082　d）变形温度 1073K，应变量 0.256

e）变形温度 973K，应变量 0.207　f）变形温度 873K，应变量 0.197

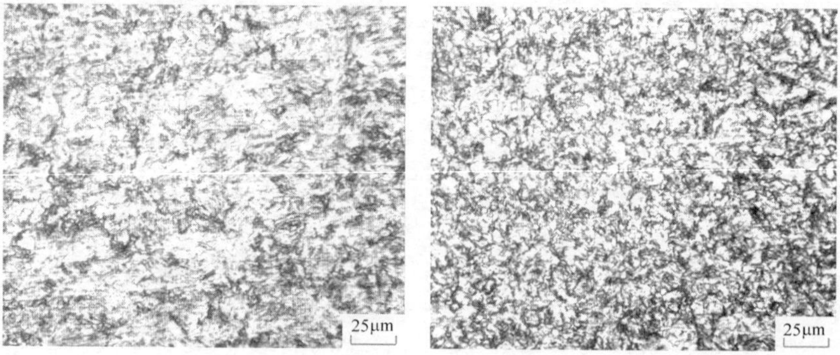

a)　b)

图 4-5　22MnB5 钢板试样高温变形后的光学金相图（冷却速率为 30K/s，应变速率为 0.5/s）

a）变形温度 1073K，应变量 0.099　b）变形温度 973K，应变量 0.092

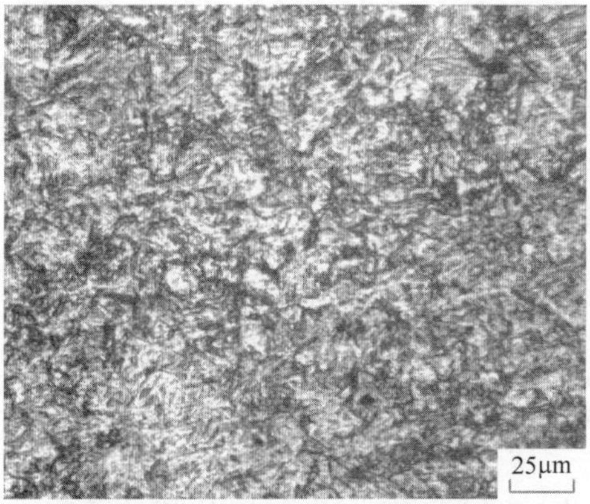

c)

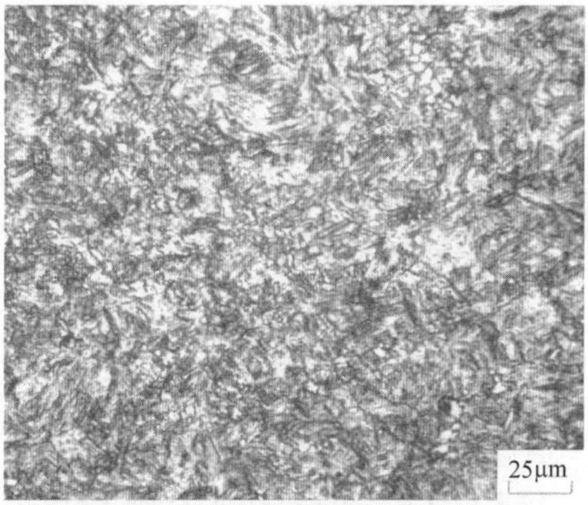

d)

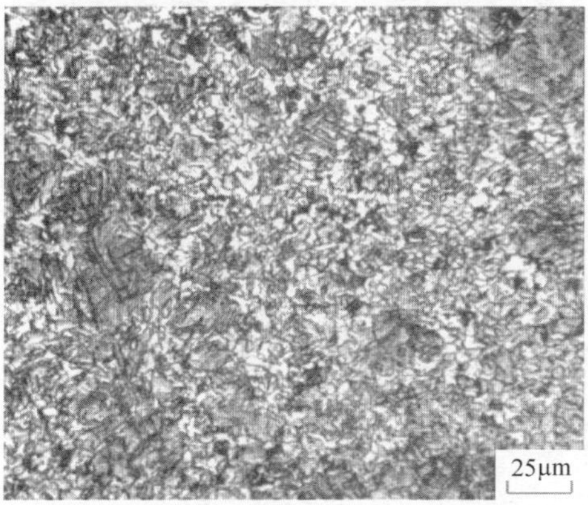

e)

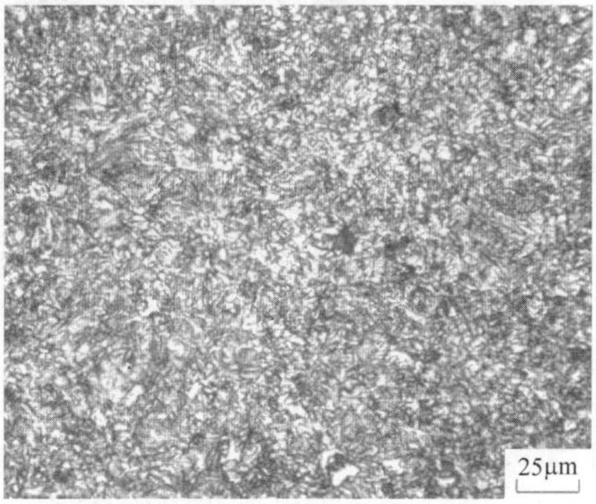

f)

图 4-5　22MnB5 钢板试样高温变形后的光学金相图（冷却速率为 30K/s，应变速率为 0.5/s）（续）

c）变形温度 873K，应变量 0.087　d）变形温度 1073K，应变量 0.278

e）变形温度 973K，应变量 0.242　f）变形温度 873K，应变量 0.226

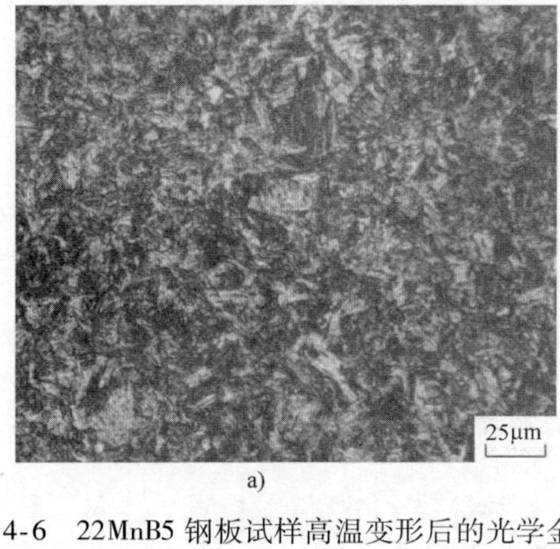

a)

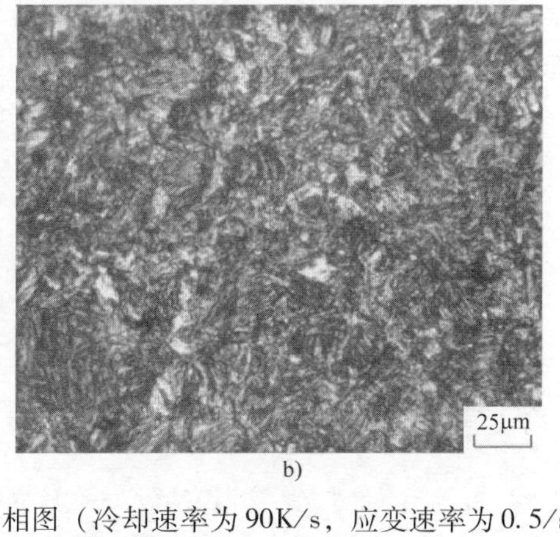

b)

图 4-6　22MnB5 钢板试样高温变形后的光学金相图（冷却速率为 90K/s，应变速率为 0.5/s）

a）变形温度 1073K，应变量 0.101　b）变形温度 973K，应变量 0.095

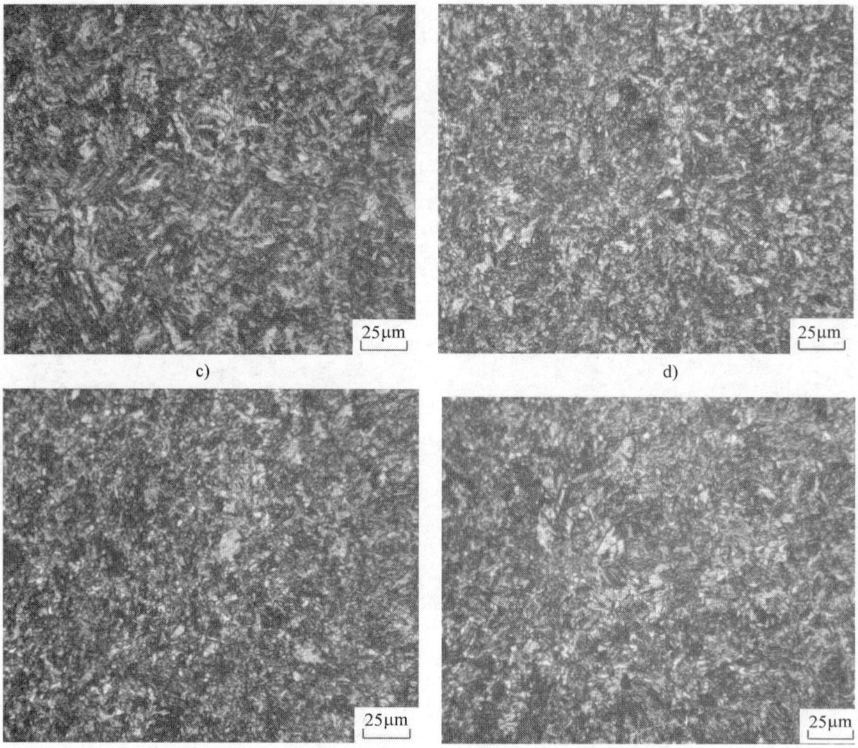

c) d)

e) f)

图 4-6　22MnB5 钢板试样高温变形后的光学金相图（冷却速率为 90K/s，应变速率为 0.5/s）（续）

c）变形温度 873K，应变量 0.091　d）变形温度 1073K，应变量 0.273

e）变形温度 973K，应变量 0.253　f）变形温度 873K，应变量 0.235

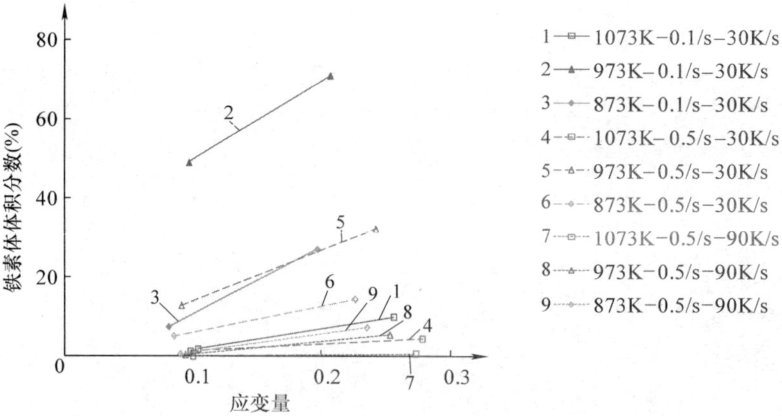

a)

图 4-7　高温变形条件对试样铁素体体积分数和硬度的影响

a）铁素体体积分数

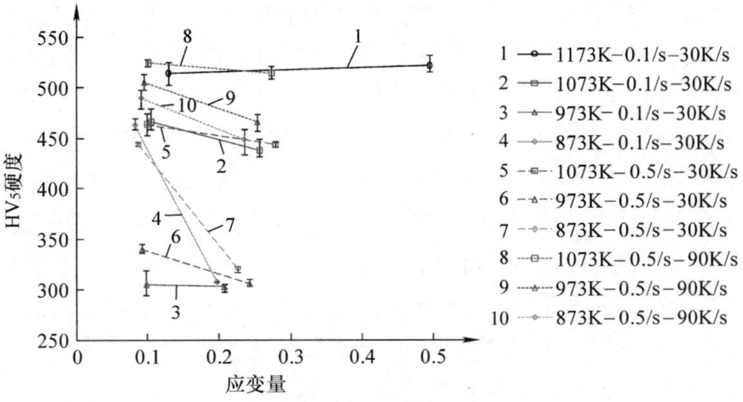

b)

图 4-7　高温变形条件对试样铁素体体积分数和硬度的影响（续）
b）硬度

4.2.1　变形温度对形变诱导铁素体相变的影响

如图 4-3 所示，22MnB5 钢板试样在 1173K 变形时（此温度高于奥氏体/铁素体平衡温度，约为 1093K)，试样组织为全马氏体，硬度值在 510HV_5以上。由图 4-4 可知，22MnB5 钢板试样在 873～1073K 之间变形（此温度范围在铁素体相变温度区)，均有形变诱导铁素体产生，且随着应变量增大，形变诱导铁素体含量增多。变形温度为 1073K 时产生的形变诱导铁素体含量最少，而 973K 温度下变形产生的形变诱导铁素体最多。在铁素体含量较少的图 4-4a、图 4-4c 和图 4-4d 中，由于形变诱导铁素体优先在奥氏体晶界处形核，细小的铁素体颗粒呈网状分布。

变形温度对 22MnB5 钢板试样形变诱导铁素体相变的影响主要表现在以下两个方面。

1）相同应变速率和相同应变量条件下，变形温度降低，相变驱动力增加，且 22MnB5 钢板试样流动应力升高，奥氏体中引入了更多的变形储能，形变诱导铁素体相变的作用越明显，在形变过程中生成更多的形变诱导铁素体。

2）由于奥氏体变形增加了相变驱动力，大大缩短了铁素体相变的孕育时间，变形过程中便开始了铁素体相变，如前所述，形变后的奥氏体在冷却过程很容易继续产生铁素体，铁素体又是扩散型相变，在时间允许的前提下，铁素体继续形核或者长大。变形温度较高且冷却速率相同时，从形变结束后开始降温至铁素体相变结束温度便有更多的时间，从而可生成更多的铁素体。

22MnB5 钢板试样在 1173K 变形时，变形引入的变形储能水平很低，且此温度高于平衡相温度，变形过程中没有形变诱导铁素体产生。虽然奥氏体相的变形可以缩短铁素体相变的孕育期，但 30K/s 的冷却速率仍然可确保试样在后续冷却过程中没有铁素体相变发生。然而，在平衡相温度以下变形时情况大有不同。由图4-7a中实线可知，在1073K变形时，虽然变形后冷却过程中有更多的时间继续生成铁素体，但是变形引入的变形储能较低，形变诱导铁素体相变作用以及对冷却过程中的铁素体相变的促进作用较弱，导致试样最终铁素体含量最少；在973K变形时，由于变形引入的变形储能较大，形变诱导铁素体相变作用以及对冷却过程中的铁素体相变的促进作用已较为明显，且变形后仍有较长的时间继续产生铁素体，因此试样中的铁素体含量最多；在873K变形时，虽然变形引入的变形储能最高，形变诱导相变作用最强，但变形结束后几乎没有时间或只有很少的时间继续产生铁素体，从而使试样中的铁素体含量居中。

4.2.2　应变速率对形变诱导铁素体相变的影响

图4-5中试样的变形条件与图4-4中的相比较，应变速率由0.1/s提高至0.5/s，而其他变形条件相同。试样中铁素体体积分数如图4-7a中虚线所示。在其他变形条件相同的情况下，应变速率较大时，生成的铁素体含量大幅度降低。

应变速率对形变诱导铁素体相变的影响同样体现在两方面。

1）应变速率的升高增大了流动应力，从而增加了变形储能，对形变诱导铁素体相变的促进作用增强，有利于生成更多的形变诱导铁素体。

2）同等应变量时，应变速率提高也使得变形时间大大缩短，碳在奥氏体中的扩散速度有限，因而不利于形变诱导铁素体相变。从图4-7a中可以看出，其他变形条件相同时，应变量越大，由于应变速率的提高而减少的形变诱导铁素体含量更大。这说明应变量大时，应变速率对形变诱导铁素体相变的影响更大。

4.2.3　变形后冷却速率对形变诱导铁素体相变的影响

图4-6中试样的变形条件与图4-5中的相比较，变形后的冷却速率由30K/s升高至90K/s，而其他变形条件相同。试样中铁素体体积分数如图4-7a中点线所示。由图4-7a可知，变形后的冷却速率的提高使得试样中的铁素体含量进一步大幅度降低。

变形后的冷却速率对22MnB5钢板试样形变诱导铁素体相变的影响主要是冷却阶段的铁素体继续相变。在小应变量（约0.1）、冷却速率为90K/s时，由于变形时间和变形后留给铁素体继续相变的时间均较短，铁素体来不及更多地形核以及长大，以致在所有温度下变形的试样中仅有很少且细小的铁素体颗粒分布于原奥氏体晶界处；而在较大应变量时（约0.25），由于变形时间延长以及变形储能的增大，试样中的细小铁素体颗粒数量有所增加。

4.2.4　应变量对形变诱导铁素体相变的影响

虽然从以上的分析中可以看出应变量增加更促进形变诱导铁素体的生成，但仍不能够清楚地了解应变量对22MnB5钢板试样形变诱导铁素体相变的影响规律。图4-8所示为试样在923K和973K温度下变形，且应变速率和冷却速率分别

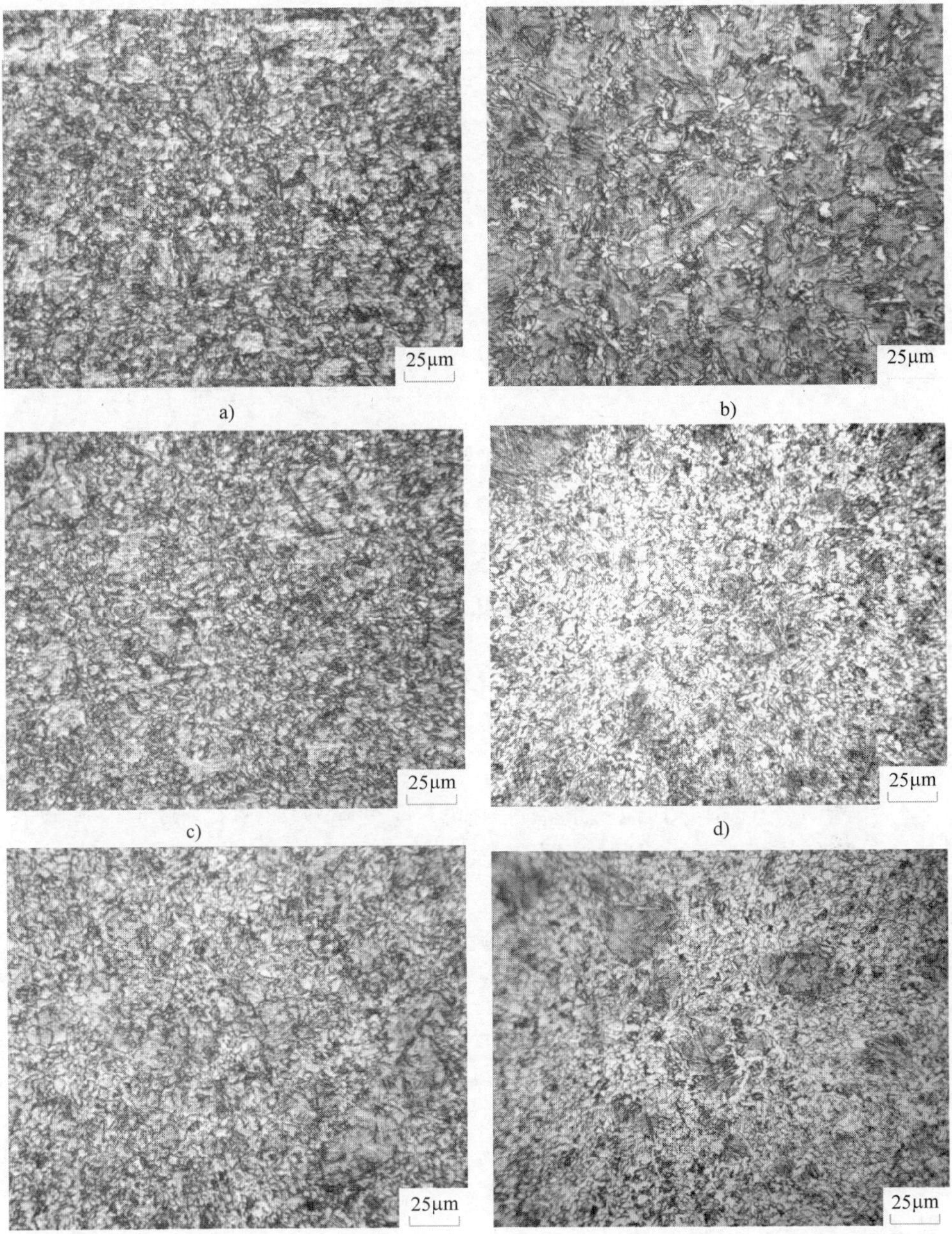

图 4-8　22MnB5 钢板试样高温变形后的光学金相图（冷却速率为 30K/s，应变速率为 0.1/s）

a）变形温度 923K，应变量 0.044　b）变形温度 973K，应变量 0.039

c）变形温度 923K，应变量 0.081　d）变形温度 973K，应变量 0.098

e）变形温度 923K，应变量 0.200　f）变形温度 973K，应变量 0.207

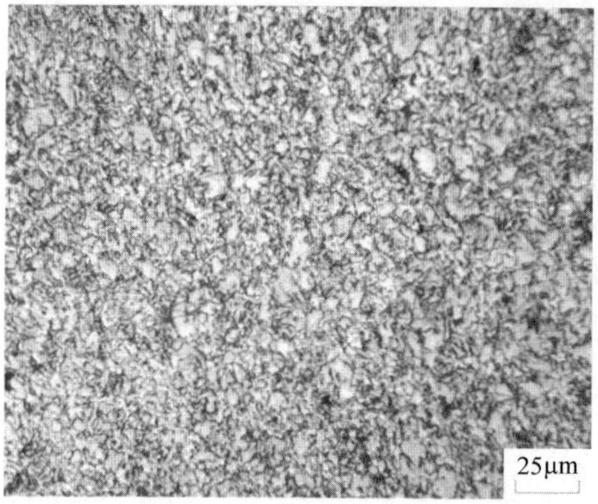

g)

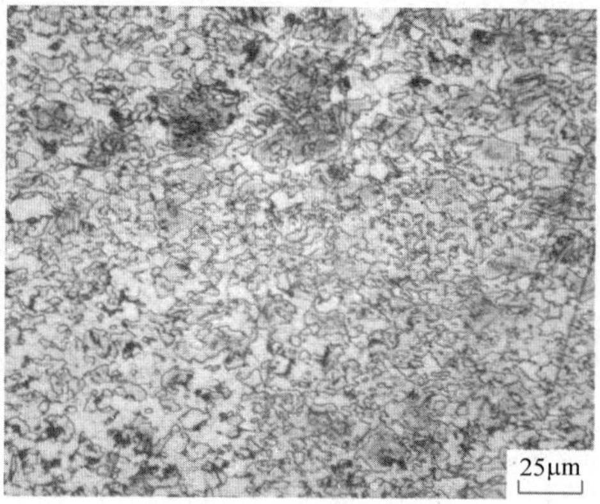

h)

图 4-8　22MnB5 钢板试样高温变形后的光学金相图（冷却速率为 30K/s，应变速率为 0.1/s）（续）
g）变形温度 923K，应变量 0.430　h）变形温度 973K，应变量 0.386

为 0.1/s 和 30K/s 时，四种不同应变量下的光学金相图；图 4-9 所示为试样中的铁素体体积分数和 HV_5 硬度。由图 4-9 可知，随着应变量升高，试样中铁素体含量增加，硬度降低；相同应变量下，973K 温度下变形的试样生成的铁素体较多。

应变量对 22MnB5 钢板试样形变诱导铁素体相变的影响同样体现在两方面。

1）变形储能随应变量的增加而增加，因而应变量较大时，对形变诱导铁素体相变的促进作用越强。

2）由于应变速率等其他变形条件相同，应变量较大意味着变形时间较长，更有利于形变诱导铁素体的形核以及长大。

由图 4-8 和图 4-9 可知，应变量为 0.044（923K）或 0.039（973K）的试样中，形变诱导铁素体较少。由于晶界处畸变能较高，形变诱导铁素体优先在原奥氏体晶界形核，呈网状分布。试样应变量增加至 0.081（923K）或 0.098（973K）时，形变诱导铁素体体积分数急剧增加。由于晶界处形核位置耗尽，原奥氏体晶粒内部的大量变形带及铁素体晶粒前沿的畸变区不断提供新的丰富的形核位置，铁素体形核由晶界处形核转向晶内形核。当试样的应变量为 0.200（923K）或 0.207（973K）时，由于之前原奥氏体晶界处及晶内的大量形核，

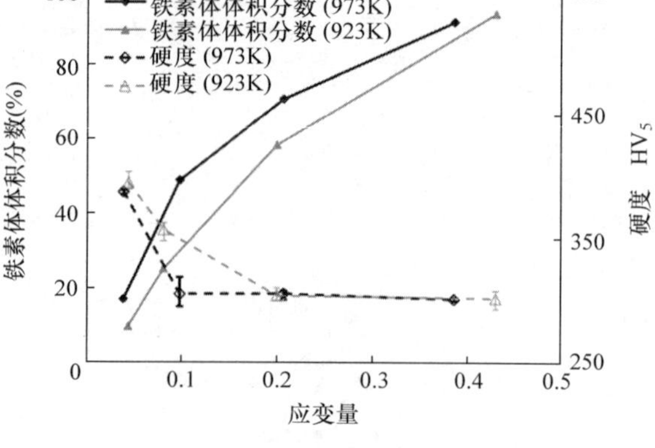

图 4-9　试样中的铁素体体积分数和 HV_5 硬度

而后形核位置接近于饱和，铁素体形核率较低，铁素体体积分数的增加开始减缓。当试样进一步变形至应变量为0.430（923K）或0.386（973K）时，形核位置几乎消耗殆尽，增加的变形能及时间为铁素体晶粒的长大提供了有利条件。前两者是以形核为主的过程，其形核是位置不饱和机制，由于形变后很高的形核速率使形核过程进行得非常迅速，且变形时间较短，晶粒的长大空间和时间上都受到限制。后两者是由形核为主转向铁素体晶粒的长大为主的过程，应变量的进一步增加提供了更多的变形能及更多的时间，有利于铁素体晶粒的长大。

综上所述，22MnB5 钢板试样加热至1173K 奥氏体化以后，在平衡相温度以上的1173K 变形，30K/s 的冷却速率不至于产生形变诱导铁素体相变。在平衡相温度以下的 873 ~1073K 温度区间变形，由于温度降低及奥氏体相中变形储能的引入，增加了铁素体相变驱动力，大大缩短了相变孕育期，促进了形变诱导铁素体在变形过程中快速形核及后续冷却过程中的继续形核与长大。由于形变诱导铁素体相变仍然属于扩散型相变，时间是一个关键因素。因此，在22MnB5 钢板的热冲压工艺中，应变速率及冷却速率均是重要控制工艺参数，提高应变速率和冷却速率都有利于获得马氏体含量更高，以致强度更高的热冲压零件。值得一提的是，无高温变形的22MnB5 钢板临界冷却速率为 30K/s 左右[43]，而这一冷却速率远不够抑制变形后的22MnB5 钢板继续发生形变诱导铁素体相变。

4.3 贝氏体相变分析

根据式（4-22）和式（4-23）[44]可估算出22MnB5 钢板贝氏体相变开始温度（B_s）和马氏体相变开始温度（M_s）分别为848K 和648K。为使得形变过程中不至于发生形变诱导铁素体相变和马氏体相变，故变形温度定为B_s以下及M_s以上的773K 和693K。图4-10 所示为22MnB5 钢板试样在773K 和693K 变形后的光学金相图，应变速率为0.1/s，冷却速率为30K/s。图4-11 所示为相应试样的硬度，硬度随着试样应变量的增加而降低；且同等应变量条件下，在693K 下变形的试样硬度高于773K 下变形的试样硬度。

相变开始温度如下式估算：

$$B_s = 656 - 58\mathrm{C} - 35\mathrm{Mn} - 75\mathrm{Si} - 15\mathrm{Ni} - 34\mathrm{Cr} - 41\mathrm{Mo} \qquad (4\text{-}22)$$

$$M_s = 561 - 474\mathrm{C} - 35\mathrm{Mn} - 17\mathrm{Ni} - 17\mathrm{Cr} - 21\mathrm{Mo} \qquad (4\text{-}23)$$

式中，B_s、M_s 单位为℃。

根据 Zhang 和 Boyd[45]关于低碳钢形变奥氏体中贝氏体相变的研究报道，所形成的不同贝氏体的特征区别主要在于形核是在原形变奥氏体的晶间还是晶粒内部形核，前者为传统贝氏体（Conventional Bainite，CB），后者为针状铁素体（Acicular Ferrite，AF）。当然，形变奥氏体相及未形变的奥氏体相均可产生 AF。

CB 多以平行的铁素体板条组长大，而 AF 是以方向随机分布的铁素体板条长大，并通常伴有离散的 M/A（马氏体/奥氏体，Martensite/Austenite constituent）岛。由于 AF 是以切变机制（displacive mechanism）形成[46]，因此也是一种贝氏体。

从图 4-1a 可知，由于温度较低，流动应力和奥氏体中引入的变形储能迅速上升，大大缩短了相变孕育时间，促进了 AF 的转变。由于 AF 是以切变机制形成，其形核与转变过程比 CB 快得多，奥氏体晶粒内部的大量的位错胞（dislocation cell）为 AF 的形核提供了场所[47]。变形后继续降温将提供更大的相变驱动力，促使 AF 的形核与长大。此外，根据图 4-10a、b 可知，在应变量为 0.04 左右时，微观组织中并未发现有贝氏体产生，根据图 4-11 中的硬度值也可知组织几乎为全马氏体；而形变诱导铁素体在变形量为 0.04 左右时就已经发生（图 4-8a、b），可知高温变形虽然缩短了贝氏体的孕育期，但仍然要大于形变诱导铁素体相变的孕育期。22MnB5 钢板试样在 773K 变形至较小的应变量（0.078）时，AF 板条杂乱均匀地分布于原奥氏体晶粒内部。随着试样应变量的增加，奥氏体晶内位错胞密度上升，为 AF 提供更多的形核位置，以致试样应变量为 0.436 时，试样内部几乎为全 AF 组织，也伴有少量的 M/A 岛组织，试样的硬度也达到最低。在贝氏体转变温度区，降低 22MnB5 钢板试样变形温度对贝氏体相变影响，主要体现在变形温度降低导致奥氏体晶内位错胞密度进一步上升，提供了更多的形核位置。

22MnB5 钢板试样在 693K 下变形，应变量为 0.109 时，奥氏体晶内位错胞密度还不够大，AF 的转变速率还不够快，且距离 M_s 较 773K 较近（尽管 M_s 会随母相应力升高而有所降低，这将在下一节讨论），试样组织成分为少量的 AF 及大部分的马氏体，这一点从试样的硬度值同样可以看出。此试样的硬度为 $470HV_5$，而全马氏体的硬度为 $510HV_5$ 左右。当应变量增加至 0.206 时，奥氏体晶内位错胞密度丰富，提供了足够多的形核位置，使得 AF 的转变速率足够快，在变形及冷却过程中迅速完成了 AF 的转变。因此，试样组织为大量 AF 板条和 M/A 岛组织。进一步增加应变量，其结果是由于奥氏体相强度继续升高，细化了 AF 板条和增加了 M/A 岛数量，这一点可通过变形温度为 773K 和 693K 下相同变形量的试样金相组织比较（图 4-10c、d、e、f）更为明确地得知。

综上所述，22MnB5 钢板试样在贝氏体相变温度区的变形促进了 AF 的产生，且由于 AF 的转变是以切变方式进行，后续冷却过程提供了更大的相变驱动力，转变速率非常迅速。变形温度越低或应变量越大，组织中 AF 含量越高，且 AF 板条越细小，M/A 岛增多。如前所述，若形变奥氏体在冷却过程中有铁素体生成，剩余奥氏体相中的 C 浓度的上升将抑制贝氏体的产生，若高于贝氏体相变温度区的变形能诱导 AF 产生，由于 AF 相变为切变机制[46]，尽管冷却速率高达 90K/s，图 4-6 中的试样仍然会有大量 AF 产生。

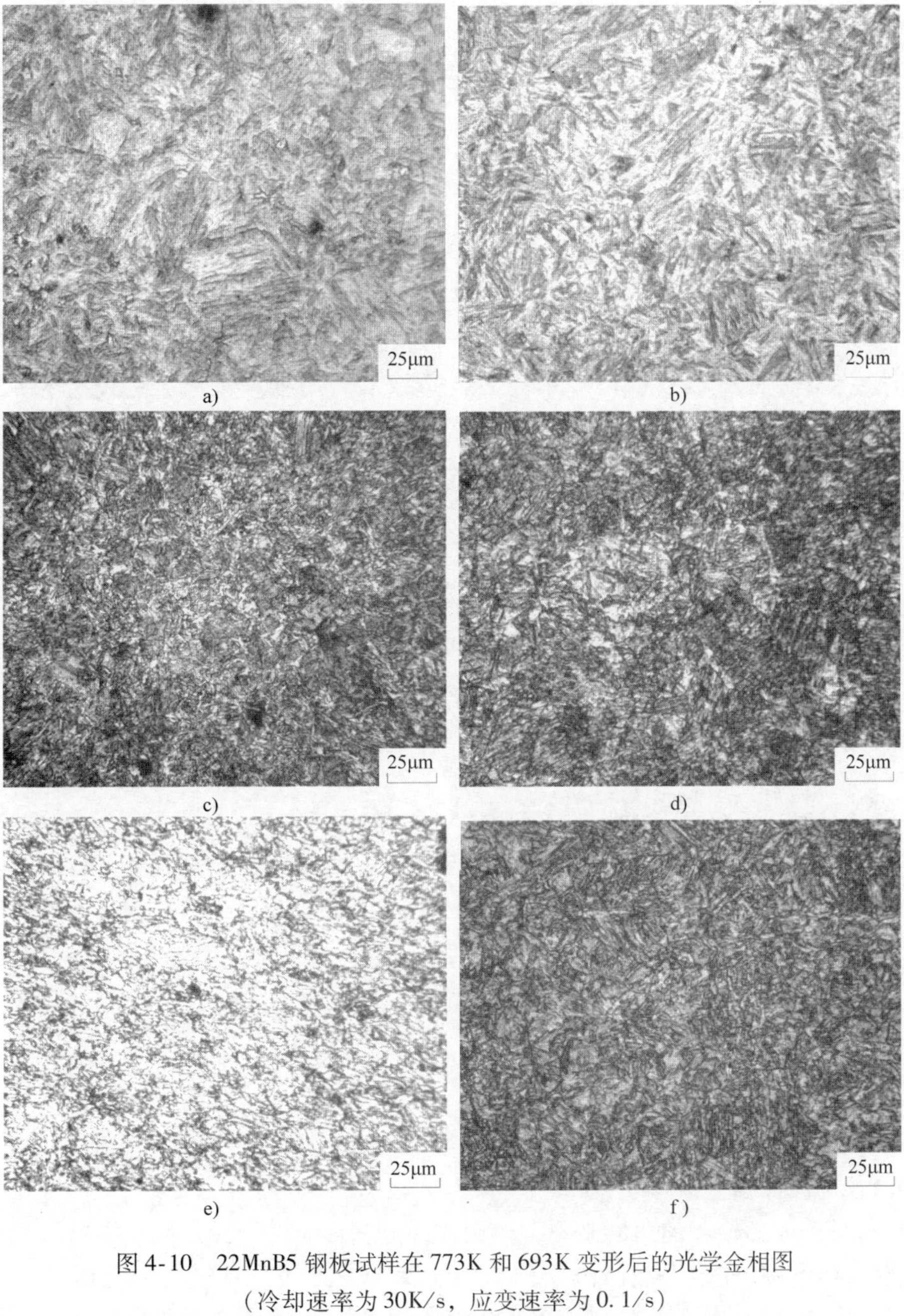

图 4-10　22MnB5 钢板试样在 773K 和 693K 变形后的光学金相图
（冷却速率为 30K/s，应变速率为 0.1/s）

a）变形温度 773K，应变量 0.039　b）变形温度 693K，应变量 0.044

c）变形温度 773K，应变量 0.078　d）变形温度 693K，应变量 0.109

e）变形温度 773K，应变量 0.204　f）变形温度 693K，应变量 0.206

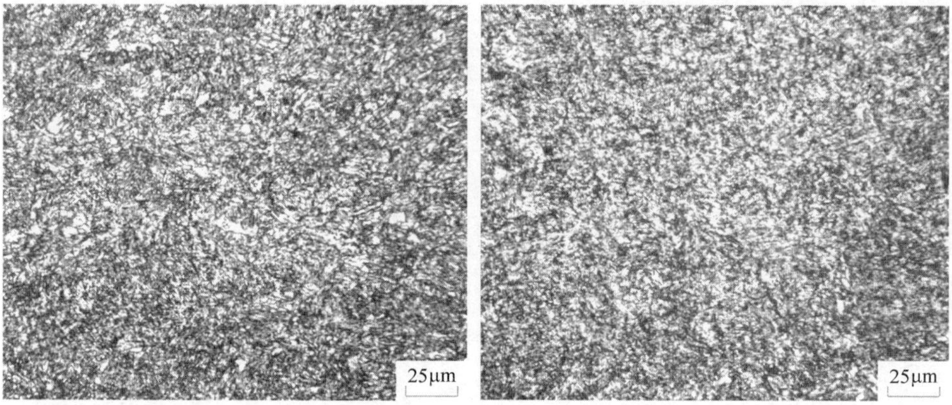

g) h)

图 4-10　22MnB5 钢板试样在 773K 和 693K 变形后的光学金相图
（冷却速率为 30K/s，应变速率为 0.1/s）（续）
g）变形温度 773K，应变量 0.436　h）变形温度 693K，应变量 0.398

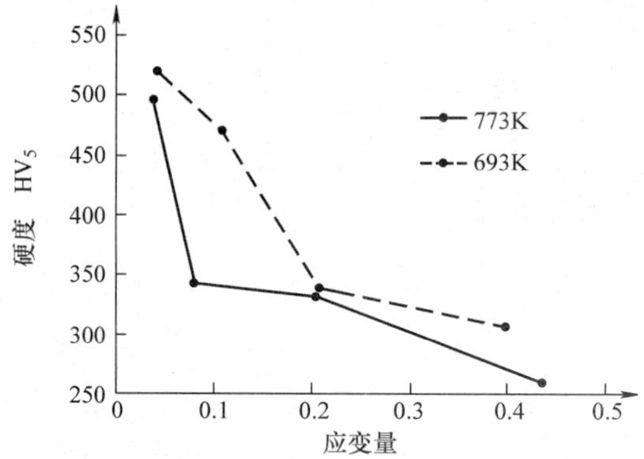

图 4-11　变形温度为 773K 和 693K 时应变量对硬度的影响

4.4　马氏体相变分析

4.4.1　马氏体相变形核功

从马氏体形核功的角度来看，奥氏体经过变形后，马氏体形核需要更大的自由能。马氏体相变时，晶体由一种结构切变转变为另一种结构，仍然是通过形核、长大的方式进行[48]。固态相变和液态相变类似，很少发生均匀形核，马氏体相变时属于非均匀形核，为了便于分析，此处先讨论均匀形核的情况。

母相没有预变形时，Kaufmann 和 Cohen[49] 给出形成一个椭球形马氏体核胚（图 4-12）时自由能的变化为

$$\Delta G_{\text{nucl}}=\frac{4\pi r_1^2 c_1 \Delta g^{A\to M}}{3}+2\pi r_1^2\psi+\frac{4\pi r_1 c_1^2}{3}A_1 \tag{4-24}$$

式中，r_1和c_1分别为马氏体核胚的半径和厚度；$\Delta g^{A\to M}$为马氏体形核时马氏体与奥氏体的自由能差，即

$$\Delta g^{A\to M}=g^M-g^A \tag{4-25}$$

ψ 为马氏体与奥氏体之间的比界面能，通常取值在 0.01 ~0.02J/m²[50]；A_1 为弹性应变能因子，通常为 2×10^9 J/m³[51]。ΔG_{nucl}随r_1和c_1的变化存在一个马鞍点，此点对应着马氏体临界核胚尺寸，根据式（4-24）得

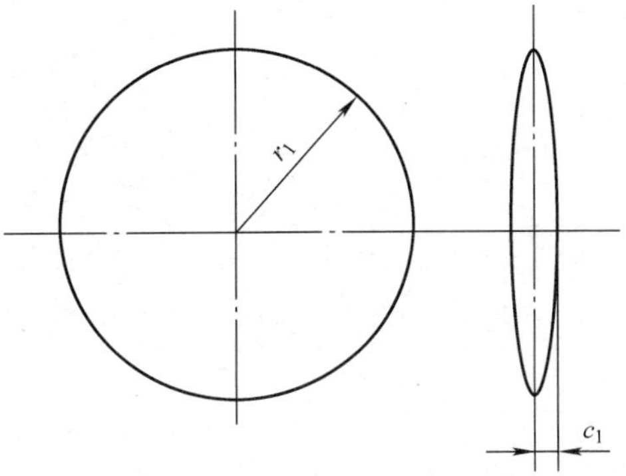

图4-12　马氏体核胚示意图

$$\frac{\partial \Delta G_{\text{nucl}}}{\partial r_1}=\frac{\partial \Delta G_{\text{nucl}}}{\partial c_1}=0 \tag{4-26}$$

可求出：

$$c_1^*=-\frac{2\psi}{\Delta g^{A\to M}} \tag{4-27}$$

$$r_1^*=\frac{4A_1\psi}{(\Delta g^{A\to M})^2} \tag{4-28}$$

$$\Delta G_{\text{nucl}}=\frac{32\pi A_1^2\psi^3}{3(\Delta g^{A\to M})^4} \tag{4-29}$$

母相经过预变形时，增加的储存能为

$$\Delta g_\varepsilon=k_2\mu\rho b^2 \tag{4-30}$$

式中，ρ 为位错密度；μ 为剪切模量；b 为 Burgers 矢量；k_2 为常数，取 0.5。

母相经过变形后，尽管奥氏体组织内部存在内应力，并对形核有一定的影响，但晶粒尺寸较大时可忽略不计，仅当晶粒尺寸小到亚微米级甚至纳米级时，内应力的作用才明显[52]，而 22MnB5 钢板在奥氏体化后晶粒大小为 30μm 左右[53]。

若不考虑变形引起其他能量的变化，则形变后母相奥氏体的自由能及相变后马氏体的自由能分别为

$$\begin{cases} g_\varepsilon^A=g^A+\Delta g_\varepsilon=g^A+k_2\mu_A\rho b_A^2 \\ g_\varepsilon^M=g^M+\Delta g_\varepsilon=g^M+k_2\mu_M\rho b_M^2 \end{cases} \tag{4-31}$$

则形变后马氏体临界形核时的自由能变化为

$$\Delta G_{\text{nucl},\varepsilon}=\frac{32\pi A_1^2\psi^3}{3(\Delta g_\varepsilon^{A\to M})^4} \tag{4-32}$$

式中，$\Delta g_{\varepsilon}^{A\to M}$ 为

$$\Delta g_{\varepsilon}^{A\to M} = g_{\varepsilon}^{M} - g_{\varepsilon}^{A} \tag{4-33}$$

根据 Melander[54] 的工作，可得奥氏体及马氏体弹性模量随温度变化的公式：

$$E_A = 1.985\times10^{11} - 4.462\times10^{7}T - 9.909\times10^{4}T^2 - 2.509T^3 \tag{4-34}$$

$$E_M = 2.145\times10^{11} - 3.097\times10^{7}T - 9.208\times10^{4}T^2 - 2.797T^3 \tag{4-35}$$

式中，T 的单位为 K。然后由剪切模量与弹性模量的关系式：

$$\mu = \frac{E}{2(1+\nu)} \tag{4-36}$$

式中 ν 为泊松比，可得高温下奥氏体及马氏体的剪切模量。根据 Luo 等[55] 文章，Burgers 矢量为：

$$b_A = \frac{\sqrt{2}}{2}\times0.3620\times[1+24.73\times10^{-6}(T-1000)] \tag{4-37}$$

$$b_M = \frac{\sqrt{2}}{2}\times0.28863\times[1+17.55\times10^{-6}(T-800)] \tag{4-38}$$

22MnB5 钢板试样在热冲压过程应力水平可达到 400MPa 左右，可计算出奥氏体预变形对马氏体形核功的影响。

由图 4-13 可知，奥氏体的预变形使得马氏体临界晶核的形核功增加了，比界面能越大、奥氏体残余应力越大，则形核功增加越快；因而需要更大的过冷度才能触发马氏体相变，最终造成马氏体相变开始温度降低以及马氏体生成量的减少。

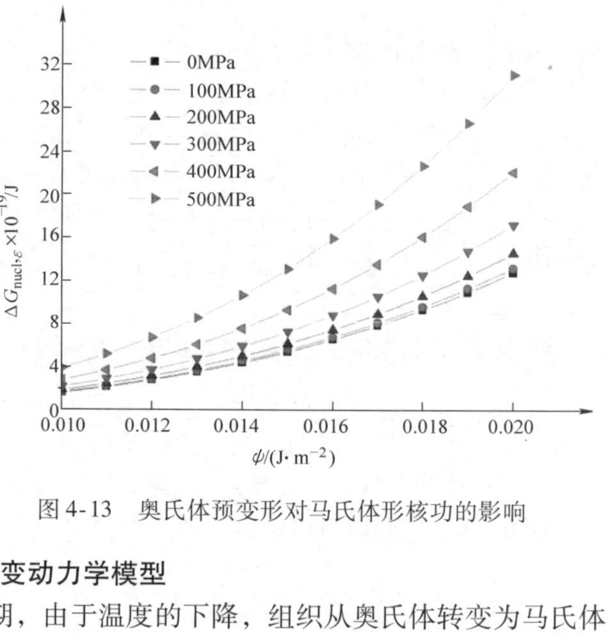

图 4-13　奥氏体预变形对马氏体形核功的影响

4.4.2　马氏体相变动力学模型

在热成形后期，由于温度的下降，组织从奥氏体转变为马氏体，因此建立更

为准确的马氏体相变动力学模型，是有限元分析的必要基础。基于母相奥氏体、相变马氏体的化学自由能为温度线性函数的假设和模型[56]，建立了 22MnB5 的高温热变形马氏体相变动力学模型。

1）能量关系。参与转变的母相奥氏体及马氏体体系的能量可用式（4-39）[57]来描述：

$$G_\varepsilon = V_A g_\varepsilon^A(T) + V_M g_\varepsilon^M(T) + E_{A\to M}^{th}(V_M, T) \tag{4-39}$$

式中，V_A为奥氏体的体积；V_M为马氏体的体积；$E_{A\to M}^{th}(V_M, T)$为自由能中非化学能部分。

马氏体体积分数可用式（4-40）来描述：

$$\zeta_M = V_M / V \tag{4-40}$$

式中，V为总体积。

若只考虑向马氏体转变的奥氏体部分，淬火后材料组织成分仅为奥氏体和马氏体，不考虑其他相变即

$$V = V_A + V_M \tag{4-41}$$

奥氏体体积分数可采用式（4-42）描述：

$$\zeta_A = 1 - \zeta_M \tag{4-42}$$

由于奥氏体向马氏体转变，所以 $\mathrm{d}V_A = -\mathrm{d}V_M$，

$$\begin{aligned}\frac{\mathrm{d}G_\varepsilon}{V} = & -g_\varepsilon^A(T)\mathrm{d}\zeta_M + (1-\zeta_M)\mathrm{d}g_\varepsilon^A(T) + g_\varepsilon^M(T)\mathrm{d}\zeta_M \\ & + \zeta_M \mathrm{d}g_\varepsilon^M(T) + \frac{\partial E_{A\to M}^{th}}{\partial V_M}\mathrm{d}\zeta_M + \frac{\partial E_{A\to M}^{th}}{\partial T}\mathrm{d}T\end{aligned} \tag{4-43}$$

$$\frac{\mathrm{d}G_\varepsilon}{V} = \left[g_\varepsilon^M(T) - g_\varepsilon^A(T) + \frac{\partial E_{A\to M}^{th}}{\partial V_M}\right]\mathrm{d}\zeta_M + \left[(1-\zeta_M)\frac{\mathrm{d}g_\varepsilon^A(T)}{\mathrm{d}T} + \zeta_M\frac{\mathrm{d}g_\varepsilon^M(T)}{\mathrm{d}T} + \frac{\partial E_{A\to M}^{th}}{\partial T}\right]\mathrm{d}T \tag{4-44}$$

$\Delta g_\varepsilon^{A\to M} = g_\varepsilon^M(T) - g_\varepsilon^A(T)$为形变后的奥氏体向马氏体转变的化学驱动力。非化学自由能 $E_{A\to M}^{th}$包括以下几部分：相变时形状和体积的改变而产生的相变应变能，奥氏体/马氏体界面能，由于摩擦及相变时母相和马氏体中产生的不可逆缺陷造成的耗散能，具体可用式（4-45）来描述：

$$\mathrm{d}E_{A\to M}^{th} = (e_{ik}^T\sigma_{ik}^c + \eta\gamma_T + e_{ik}^T\sigma_{ik}^d)\mathrm{d}V_M, i \text{ 或 } k = 1,2,3 \tag{4-45}$$

式中，$e_{ik}^T\sigma_{ik}^c$为相变应变能，e_{ik}^T为相变应变，σ_{ik}^c为抵抗相变时形状及体积改变的应力；$\eta\gamma_T$为界面能，γ_T为比界面能，$\eta = \mathrm{d}A/\mathrm{d}V_M$，此界面能只在形核阶段比较重要，以后可忽略；$e_{ik}^T\sigma_{ik}^d$为耗散能，$\sigma_{ik}^d$为克服非固有耗散能所需应力。

2）基本假设。非化学自由能不随温度变化：

$$\frac{\mathrm{d}E_{A\to M}^{th}}{\mathrm{d}T} = 0$$

当 $T<M_s$ 时，$dG=0$，则

$$\left(\frac{dg_\varepsilon^A}{dT}+\zeta\frac{dg_\varepsilon^{A\to M}}{dT}\right)dT=-\left(g_\varepsilon^{A\to M}+\frac{\partial E_{A\to M}^{th}}{V\partial\zeta}\right)d\zeta \tag{4-46}$$

相变一开始非化学自由能产生并且累积，当相变结束时非化学自由能达到饱和值，假设非化学自由能与马氏体体积为线性关系，即

$$E_{A\to M}^{th}=\rho_{A\to M}^{th}V_M,\rho_{A\to M}^{th}=e_{ik}^T\sigma_{ik}^c+e_{ik}^T\sigma_{ik}^d \tag{4-47}$$

未发生预变形的奥氏体及马氏体的化学自由能是温度的线性函数[58]，假设高温预变形后的奥氏体及马氏体的化学自由能也是温度的线性函数，即

$$g_\varepsilon^A(T)=a_A^*+b_A^*T=g^A+\frac{2k\sigma^2(1+\nu)V_A}{\alpha^2}\frac{1}{E_A(T)}=a_A+b_AT+\frac{2k\sigma^2(1+\nu)}{\alpha^2}\lambda_A(T) \tag{4-48}$$

式中，a_M、b_M 为表征奥氏体自由能随温度线性变化的参数；k 为常数；ν 为泊松比；α 为材料常数，$\lambda_A=\frac{V_A}{E_A}$。

$$g_\varepsilon^M(T)=a_M^*+b_M^*T=g^M+\frac{2k\sigma^2(1+\nu)V_M}{\alpha^2}\frac{1}{E_M(T)}=a_M+b_MT+\frac{2k\sigma^2(1+\nu)}{\alpha^2}\lambda_M(T) \tag{4-49}$$

式中，a_M、b_M 为表征马氏体自由能随线性变化的参数，$\lambda_M=\frac{V_M}{E_M}$。

3）马氏体相变动力学计算模型。根据上述公式和4.4.1，可得

$$\frac{dg_\varepsilon^A(T)}{dT}=\frac{dg^A}{dT}+\left(\frac{2k\sigma^2(1+\nu)V_A}{\alpha^2}\frac{1}{E_A(T)}\right)'=b_A-\frac{2k\sigma^2(1+\nu)}{\alpha^2}\frac{1}{E_A^2(T)}\frac{dE_A(T)}{dT}=b_A^* \tag{4-50}$$

$$\frac{dg_\varepsilon^M(T)}{dT}=\frac{dg^M}{dT}+\left(\frac{2k\sigma^2(1+\nu)V_M}{\alpha^2}\frac{1}{E_M(T)}\right)'=b_M-\frac{2k\sigma^2(1+\nu)}{\alpha^2}\frac{1}{E_M^2(T)}\frac{dE_M(T)}{dT}=b_M^* \tag{4-51}$$

所以，初始条件 $T=M_s$ 时，马氏体转变量 $\zeta=0$，则

$$\int_0^\zeta\frac{d\zeta}{b_A^*+(b_M^*-b_A^*)\zeta}=-\int_{M_s}^T\frac{dT}{\varphi_{A\to M}^{th}+(a_M^*-a_A^*)+(b_M^*-b_A^*)T} \tag{4-52}$$

求解得

$$\zeta=\frac{b_A^*(M_s-T)}{\varphi_{A\to M}^{th}+(a_M^*-a_A^*)+(b_M^*-b_A^*)T} \tag{4-53}$$

马氏体相变开始温度 M_s 是与奥氏体高温预变形应力相关的函数。若通过试验获得马氏体相变开始温度 M_s、马氏体相变结束温度 M_f 及所对应的马氏体最终

相变体积分数，可求得公式中 $\varphi_{A\to M}^{th}+(a_M^*-a_A^*)$ 这项，即

$$\zeta_f=\frac{b_A^*(M_s-M_f)}{\varphi_{A\to M}^{th}+(a_M^*-a_A^*)+(b_M^*-b_A^*)M_f}$$

$$\varphi_{A\to M}^{th}+(a_M^*-a_A^*)=\frac{b_A^*(M_s-M_f)-\zeta_f(b_M^*-b_A^*)M_f}{\zeta_f} \tag{4-54}$$

则最终考虑高温奥氏体预变形的马氏体相变动力学方程可表示为

$$\zeta=\frac{\zeta_f(\bar{\sigma})(M_s(\bar{\sigma})-T)}{M_s-M_f+(1-\beta(\bar{\sigma},T_d))\zeta_f(M_f-T)},\beta(\bar{\sigma},T_d)=\frac{b_M^*}{b_A^*} \tag{4-55}$$

式中，$M_s(\bar{\sigma})=\begin{cases}402-0.12\bar{\sigma} & 0<\bar{\sigma}\leqslant 333\text{MPa}\\ 362.5 & \bar{\sigma}>333\text{MPa}\end{cases}$，单位为℃。

4.5 热冲压工艺参数对硼钢板相变的影响

金属冲压零件的性能是由其化学元素和微观组织决定的，而微观组织则进一步受到工艺参数等的影响。零件的局部性能可以通过工艺参数的设计和选择来实现，即制造技术中的“控性”。随着汽车轻量化和碰撞安全这两个要求的对立统一，车身零件的性能要求逐渐趋于精细化和个性化，这使得实现单一零件多目标性能的零件性能定制的重要程度也更加凸显。本节以冷却速率和保温温度两个工艺参数为例，介绍通过热冲压工艺参数的改变，获得不同的组织成分以实现不同的零件力学性能，为热冲压工艺参数的设计与选择奠定基础。

4.5.1 冷却速率对硼钢板相变的影响

对于基于力学性能梯度的硼钢板热冲压成形，淬火阶段的控制是非常关键的。在适当的工艺参数匹配下，热冲压零件的高强度区域主要由马氏体组成，低强度区域则由铁素体和贝氏体组成，实现局部控性的效果。当冷却速率过低时，钢中硼相会沿晶界连续析出，从而会降低硼钢板的淬透性。变形后冷却速率比较低，硼以平衡偏聚为主，偏聚量较少；当冷却速率适当提高后，则以非平衡偏聚为主，此时偏聚程度随冷却速率的加快而减少，延伸率也得到一定程度的提高[59]。冷却速率不同，硼钢板中发生的相变会有很大的差别，从大冷却速率下发生的马氏体相变，中等冷却速率下的贝氏体相变到小冷却速率下的铁素体相变，最终得到的材料力学性能也将有很大的差别。

相变的开始和结束温度对热冲压工艺参数的设计和选择有很重要的影响。冷却速率分别为 50K/s、10K/s 和 2K/s 时硼钢板的 DIL 曲线如图 2-13 所示。当试

样以 2K/s 的冷却速率从 1173K 直接淬火至室温时，DIL 曲线上的波动发生在 993～872K 之间。根据相变的温度范围[60]，该波动可以确定为奥氏体向铁素体的转变，即铁素体相变开始温度（F_s）为993K，结束温度（F_f）为892K；相应的相变膨胀量为40.2μm。当冷却速率为10K/s 时发生贝氏体相变，贝氏体相变开始温度（B_s）为 933K，结束温度（B_f）为 739K；相应的相变膨胀量为32.8μm。当冷却速率为50K/s 时发生马氏体相变，马氏体相变开始温度（M_s）为664K，结束温度（M_f）为588K；相应的相变膨胀量为58.4μm。

当试样从1173K 开始降温，奥氏体处于过冷状态，其自由能高于其他相。因此当奥氏体向其他相转变时系统的自由能降低。铁素体相变是扩散型相变，相变时碳原子不断地从铁素体转移到奥氏体，因此，相变速度相对较慢[61]。由于存在碳原子扩散的需要，铁素体相变只能在较高的温度和较低的冷却速率下进行。马氏体是在富碳奥氏体中生成中，可以在很短的时间内继承原奥氏体的碳原子[62]。由于马氏体相变不依赖原子的扩散，因此可以在较低的温度和较高的冷却速率下进行。根据相变类型和原子的扩散速度，贝氏体相变的温度范围和冷却速率介于铁素体和马氏体之间。

Dommarco 等人[63]测得铁素体的硬度为 198$HV_{0.2}$，贝氏体和马氏体的维氏硬度可以通过 Åkerström 和 Oldenburg[64]建立的公式计算获得：

$$HV_B = 259.4 - 254.7C + 4834.1C^2 \tag{4-56}$$

$$57\ HV_M = 181.1 + 2031.9C - 1940.1C^2 \tag{4-57}$$

式中，下标 B 和 M 分别表示贝氏体及马氏体，C 表示碳元素含量（质量百分比）。由于所用硼钢板 22MnB5 的碳元素含量（质量百分比）为 0.2%，贝氏体及马氏体维氏硬度的理论值分别为 402 和 510。

根据硬度测试结果，经冷却速率 2K/s、10K/s 和 50K/s 分别淬火处理后硼钢板 $HV_{0.2}$的平均硬度分别为 198、400 和 513。试验结果与理论值吻合较好，即可以确认在以上冷却速率下硼钢板发生的相变分别为铁素体、贝氏体及马氏体相变，相应的金相结果如图 4-14 所示。

根据冷却速率和硼钢板铁素体的相变开始温度，铁素体在淬火冷却开始 90s 后生成（全部热处理过程的450s 后，淬火开始在全部热处理过程的第 360s，即升温过程 60s 及保温过程 300s），相变过程持续约 50s；贝氏体在淬火冷却开始 24s 后生成，相变过程持续约 15s；而马氏体在淬火冷却开始 10.2s 后生成，相变过程持续约 1.5s。

此外，将成形过程中只发生一种相变的情况进行比较，马氏体相变结束时铁素体和贝氏体相变还没有开始，单一铁素体或贝氏体组织需要的淬火时间较长，因此单一相的组织不推荐用于低强度区域，并且单一相的组织很难满足力学性能梯度零件的多样化要求。相应的，通过控制冷却路径获得多相混合的微观组织则具有很强的实用性。

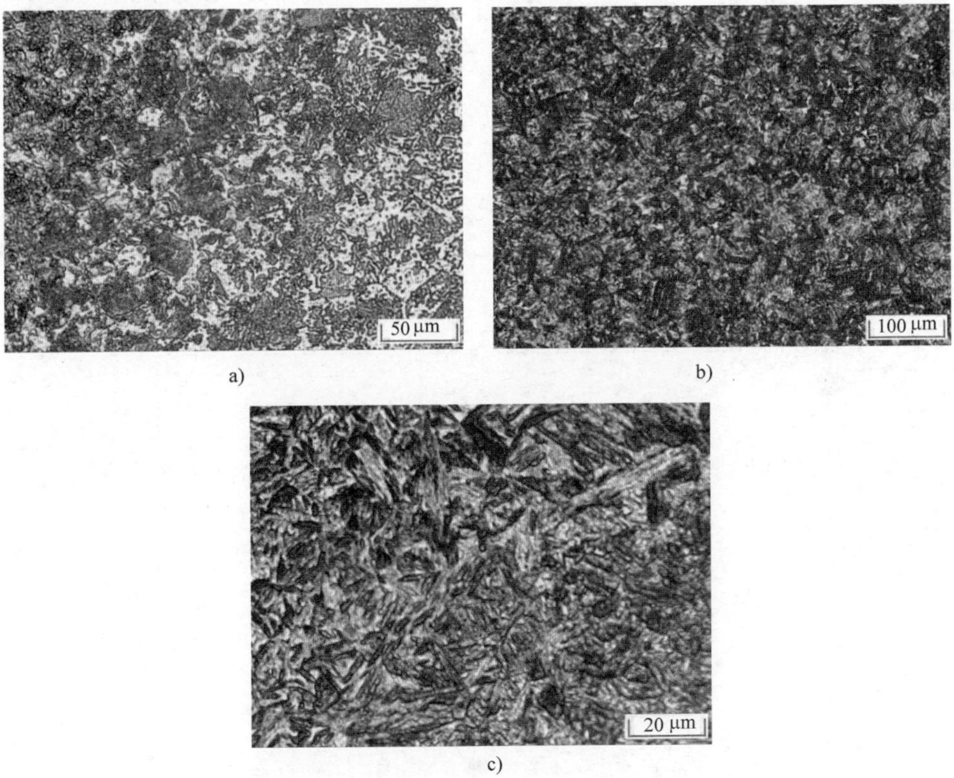

图 4-14　硼钢板经不同冷却速率淬火处理后获得的微观组织

a）冷却速率 2K/s　b）冷却速率 10K/s　c）冷却速率 50K/s

4.5.2　保温温度对硼钢板相变的影响

冷却速率 2K/s 并在不同温度保温时硼钢板的 DIL 曲线如图 4-15 所示。当试样在 1073K 保温时，F_s和F_f分别为 984K 和 868K；试样在 1023K 保温时，相变在保温阶段开始，893K 时完成；当试样在 973K、923K 和 873K 保温时，对应的相变开始温度分别是 989K、970K 和 975K。在固定冷却速率的工艺条件下，保温温度是影响相变的一个重要因素。由于铁素体中碳的溶解度明显低于奥氏体，相变时必然存在碳扩散的过程[62]，并且普遍认为铁素体的生长速度受到碳扩散的影响[65]。因此，在不同温度保温时，相变的F_s和F_f由于不同温度下碳元素的扩散能力的差异而不同。

冷却速率 2K/s 时，不同温度时的保温对硼钢板的硬度基本没有影响，硬度均保持在 200$HV_{0.2}$左右，如图 4-16 所示。这说明冷却速率为 2K/s 时，奥氏体

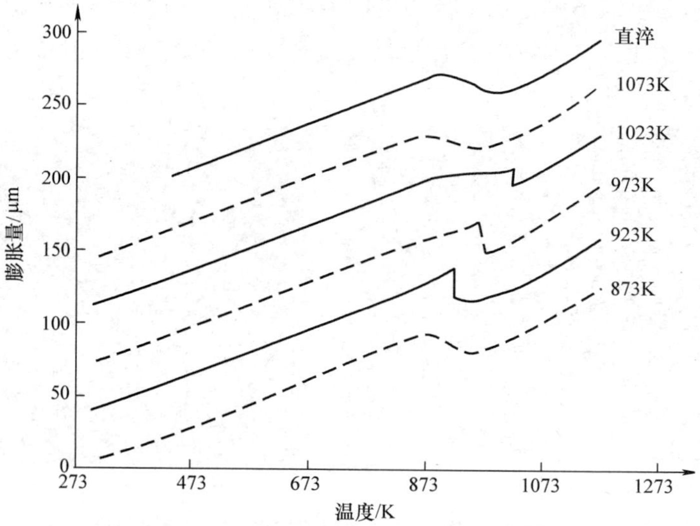

图 4-15　冷却速率 2K/s 并在不同温度保温时硼钢板的 DIL 曲线

向铁素体的转变不受保温温度的影响，如图 4-17 所示。

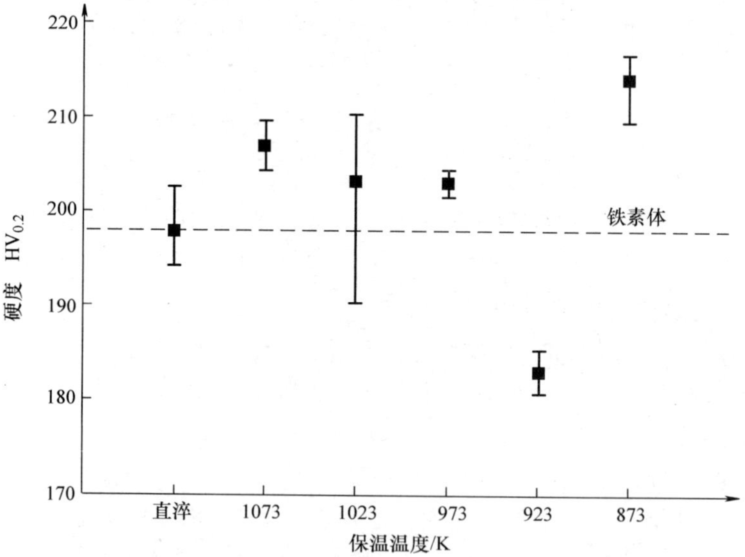

图 4-16　冷却速率 2K/s 时不同冷却路径热处理后硼钢板的维氏硬度 $HV_{0.2}$

冷却速率 2K/s 时，硼钢板试样在不同温度保温下，铁素体相变的温度范围和相变所需的时间有一定的不同，如图 4-18 所示。当试样在 1023K 保温时，相

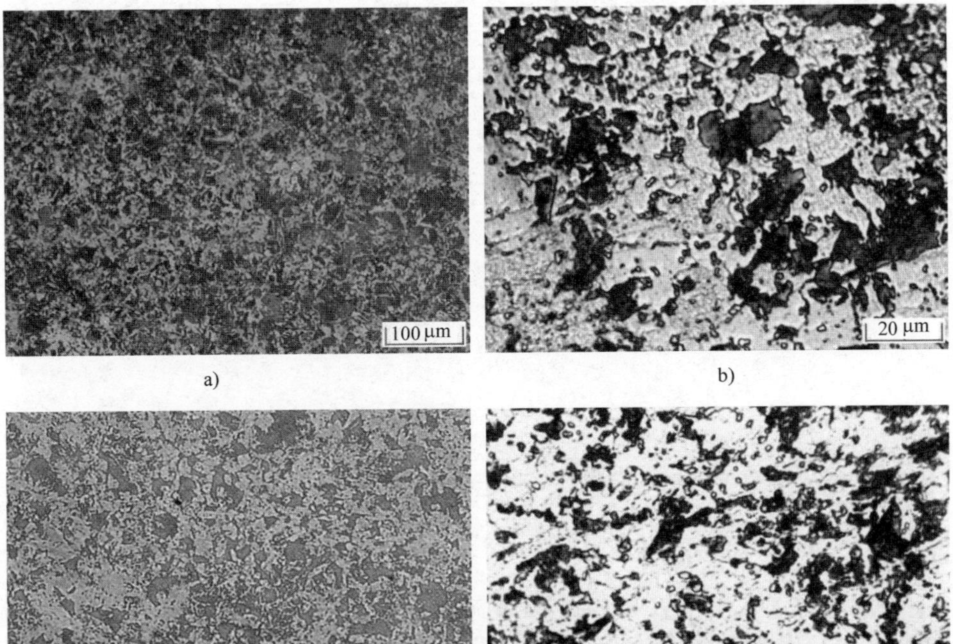

图 4-17　冷却速率 2K/s 时在不同温度下保温后硼钢板的微观组织

a）1073K　b）1023K　c）973K　d）923K　e）873K

变主要在保温阶段完成，相变过程花费了 365s。当试样在 973K 保温时，相变持续了约 80s，而在其他冷却路径下，相变只需约 50s。这说明等温条件下的铁素体相变速度明显低于连续降温条件。为了加快实际热冲压生产中铁素体的相变速度，必须保证零件在成形过程中的连续降温条件。

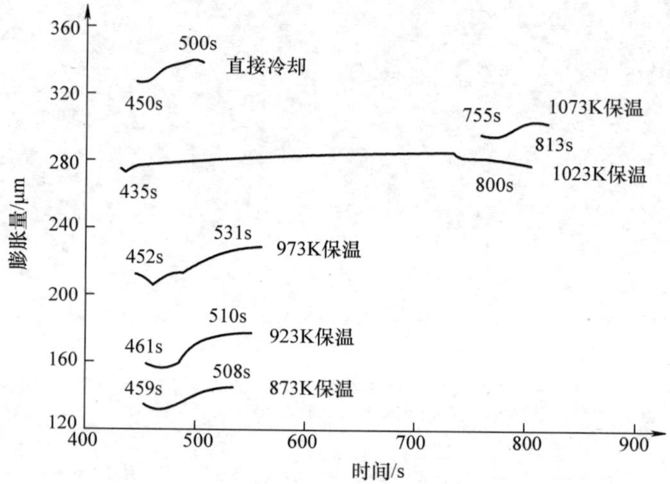

图 4-18　冷却速率 2K/s 时不同温度保温下硼钢板相变所需的时间

冷却速率 50K/s 并在不同温度保温（773K、673K、573K、523K 和 473K）时硼钢板的 DIL 曲线如图 4-19 所示。当试样在 773K 和 673K 保温时，相变均在保温阶段开始并完成。当试样在 573K、523K 和 473K 保温时，相变均在 663K 左右开始，583K 左右结束。根据贝氏体和马氏体相变的温度范围[66]，当试样在低于 573K 的温度保温时，可以确定只发生马氏体相变；但当试样在 773K 和 673K 保温时，还需要通过硬度和微观组织分析进一步确定发生的相变类型。

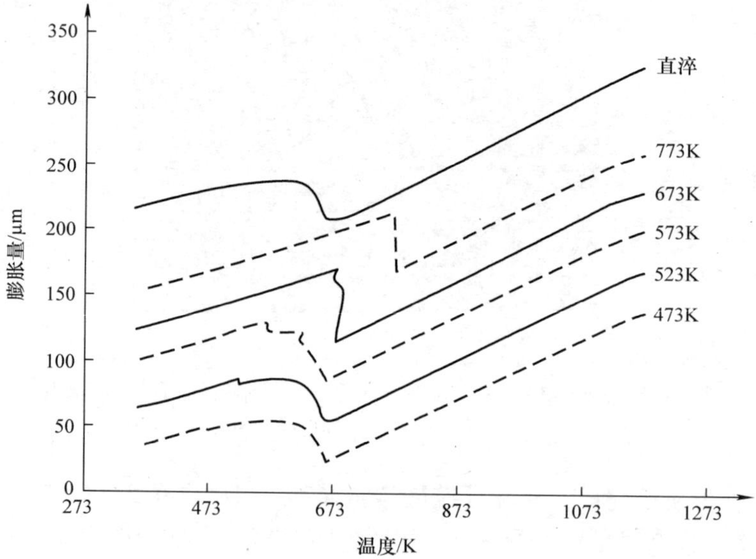

图 4-19　冷却速率 50K/s 并在不同温度保温时硼钢板的 DIL 曲线

相应的硬度和微观组织分别如图 4-20 和图 4-21 所示。当试样以 50K/s 冷却速率降温并在 773K 保温时发生贝氏体相变；当试样在 673K 保温时则发生马氏体相变。根据已获得的B_s、B_f、M_s和M_f，保温温度 773K 更接近B_f，并且在等温条件下贝氏体相变也比马氏体相变更容易发生[67]；而保温温度为 673K 时则更接近M_f，因此发生马氏体相变。

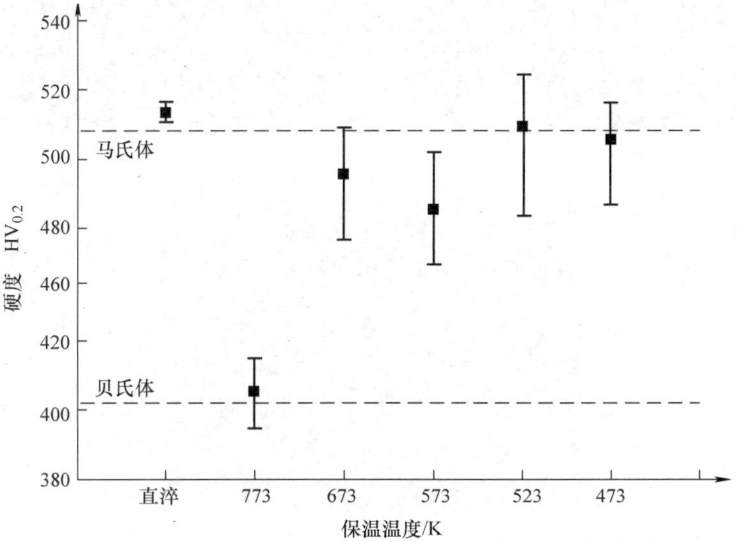

图 4-20　冷却速率 50K/s 时不同冷却路径热处理后硼钢板的维氏硬度 $HV_{0.2}$

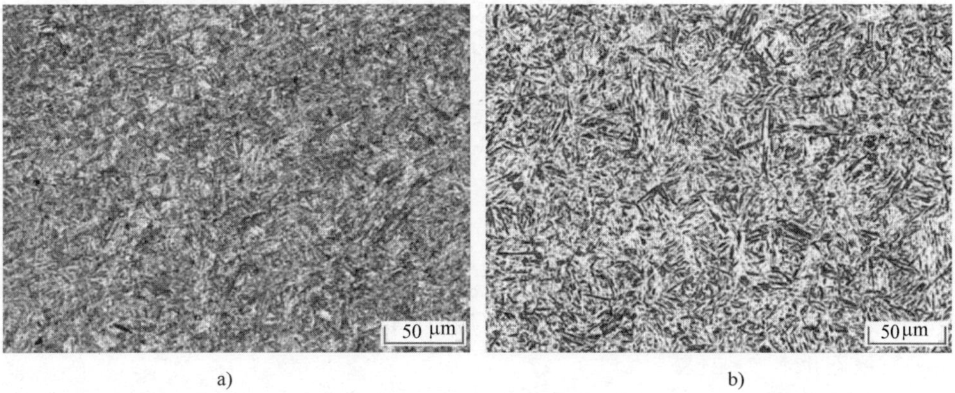

图 4-21　冷却速率 50K/s 时在不同温度保温后硼钢板的微观组织

a）773K　b）673K

c)

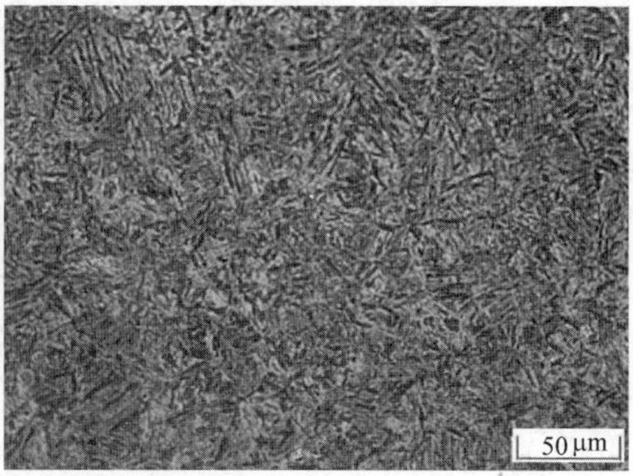

d)

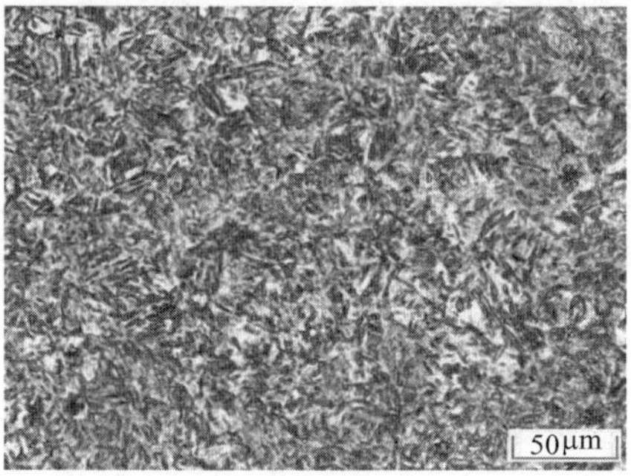

e)

图 4-21　冷却速率 50K/s 时在不同温度保温后硼钢板的微观组织（续）
c）573K　d）523K　e）473K

由于极快的冷却速率和较高的相变速度，马氏体相变一般只需 1.5s 左右，如图 4-22 所示。马氏体相变是非扩散型的，只能在连续冷却条件下进行。但是当试样以 50K/s 的冷却速率冷却时，试样外表面降温到保温温度后，内部温度仍高于指定温度。试样内部的热能逐渐传递到外部，造成了一个实际上的降温过程。在 673K 保温时，试样的实际冷却速率小于 50K/s，相变过程花费了约 11s。因此在马氏体相变范围内降低冷却速率可以降低马氏体相变的结束温度。试样在 773K 保温时发生的贝氏体相变持续了约 30s，比连续降温阶段发生的贝氏体相变多用了约 15s。相类似，较高冷却速率时的铁素体相变速度也快于低冷却速率或等温阶段时的相变速度[68]。

冷却速率为 10K/s 时，各种冷却路径下的相变都变得相当复杂，DIL 曲线如图 4-23 所示。热处理后硼钢板的相组成可以通过切线法确定，具体结果见表 4-1。当试样在 1073K 保温时，相变开始和结束温度分别是 834K 和 689K，相变过程持续了约 11.5s，根据图 4-24 和图 4-25 所示的硬度及微观组织，此过程

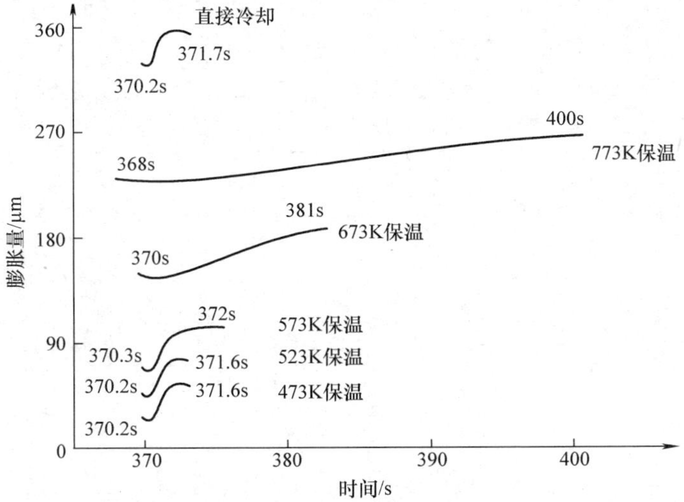

图 4-22　冷却速率 50K/s 时不同温度保温下硼钢板相变所需的时间

可以确定为贝氏体相变。相较于连续冷却条件下完成贝氏体相变所需的 15s 时间，可以发现相变前的保温阶段对贝氏体相变有加速作用。当试样在 973K 保温时，相变过程 973K 开始 793K 结束，获得的相组成为 87% F 和 13% B。相类似，当试样在 873K、823K 和 723K 保温时，相组成均为铁素体和贝氏体的混合组织。

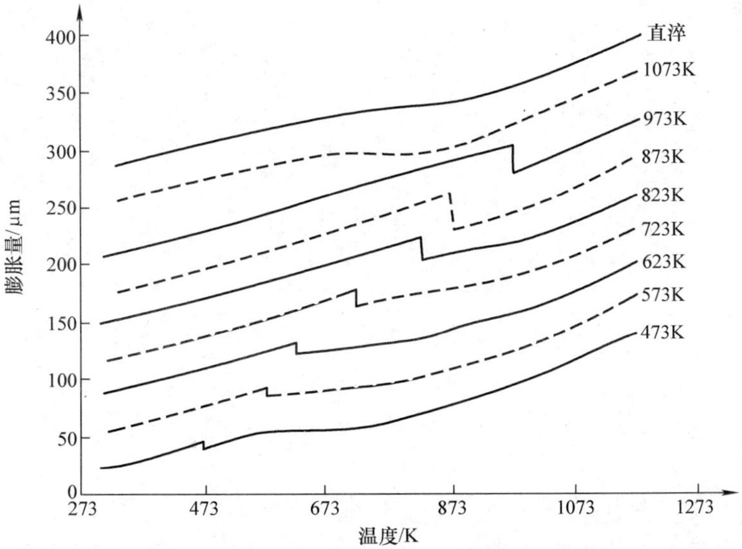

图 4-23　冷却速率 10K/s 并在不同温度保温时硼钢板的 DIL 曲线

但是由于 873K、823K 和 723K 三个温度更接近贝氏体相变的温度范围，热处理后贝氏体含量相对较高，分别为 89%、73% 和 67%。因此，对铁素体和贝氏体相变来说，在接近或相变温度范围内保温将使得它们更容易生成。

表 4-1　不同冷却路径下硼钢板的相组成

等温温度/K	相组成（冷却速率 2K/s）	等温温度/K	相组成（冷却速率 10K/s）	等温温度/K	相组成（冷却速率 50K/s）
连续冷却	F	连续冷却	B	连续冷却	M
1073	F	1073	B	773	B
1023	F	973	87% F + 13% B	673	M
973	F	873	11% F + 89% B	573	M
923	F	823	27% F + 73% B	523	M
873	F	723	33% F + 67% B	473	M
		623	27% F + 16% B + 57% M		
		573	28% F + 20% B + 52% M		
		473	28% F + 21% B + 51% M		

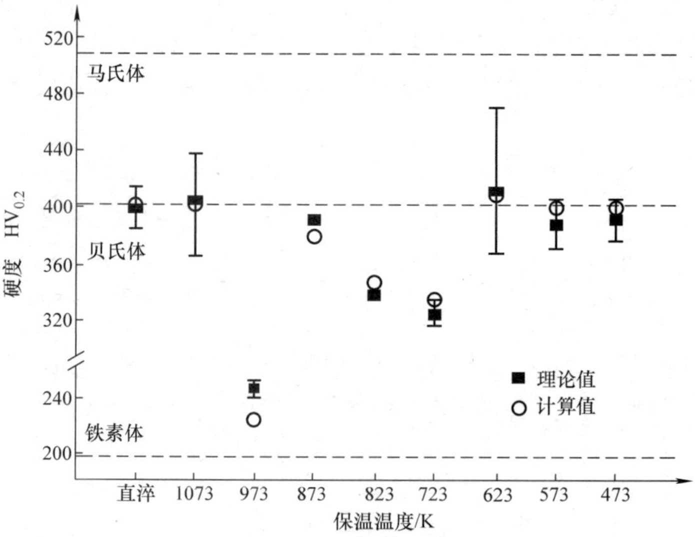

图 4-24　冷却速率 10K/s 时不同冷却路径热处理后硼钢板的维氏硬度 $HV_{0.2}$

对于扩散型相变来说，时间是一个非常关键的因素[61]。当试样在 973K 保温时，铁素体有足够的时间来形核和长大，故而使得铁素体成为最终组织中的优势相。当试样在贝氏体相变温度范围保温时，保温前冷却阶段生成的铁素体较少，贝氏体成为最终组织中的优势相。当试样在马氏体相变温度范围保温时，保

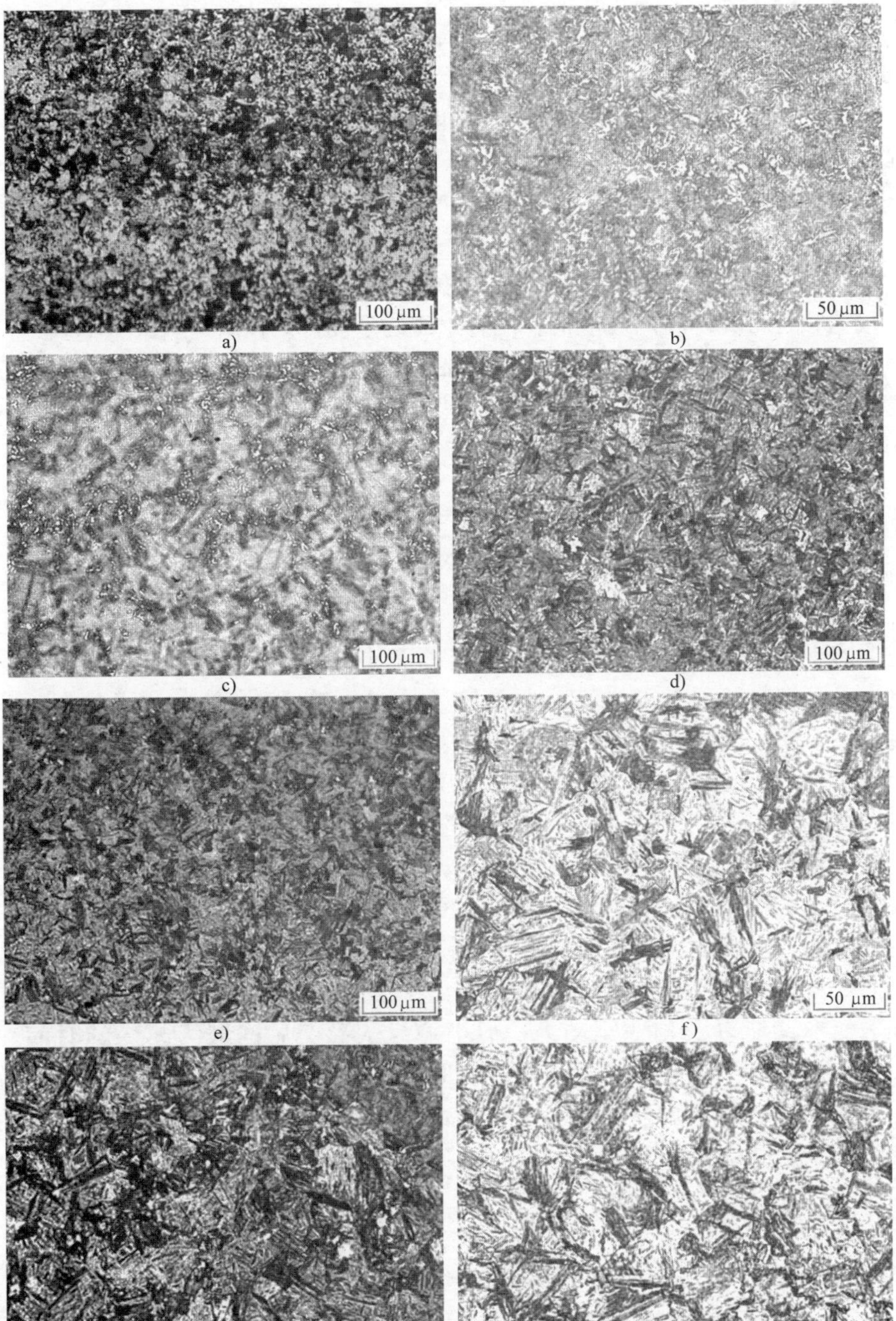

图 4-25　冷却速率 10K/s 时在不同温度保温后硼钢板的微观组织

a) 1073K　b) 973K　c) 873K　d) 823K　e) 723K　f) 623K　g) 573K　h) 473K

温前冷却阶段只生成少量的铁素体和贝氏体，而相对低温导致碳原子扩散能力的减弱使得只能发生非扩散型的马氏体相变。

当试样在623K、573K和473K保温时，铁素体、贝氏体和马氏体相变均有发生，约973K时相变开始，整个过程结束于约588K。由于保温温度均低于铁素体和贝氏体相变的温度范围，3种冷却路径获得的相组成十分接近，分别为27%F+16%B+57%M、28%F+20%B+52%M和28%F+21%B+51%M。其中F、B和M分别表示铁素体、贝氏体和马氏体。

根据相含量和各相的硬度值，混合组织的硬度可以按式（4-58）计算：

$$HV = F\% \times 198 + B\% \times 402 + M\% \times 510 \quad (4\text{-}58)$$

如图4-24所示，硼钢板DIL曲线的分析结果与试验值吻合较好。在生产基于力学性能梯度的热冲压零件时，10K/s的冷却速率配合不同的保温温度可以有效地获得不同相组成的多相混合组织。

4.6 本章小结

为实现22MnB5钢板热冲压成形工艺过程中的“控性”，本章研究了热变形行为及其后继热处理对22MnB5钢板组织成分的影响及其机理，以及组织成分对热处理后22MnB5钢板的再变形性能的影响，具体结论如下：

1）22MnB5钢板在高温变形时，温度下降和变形储能增加均提高了铁素体相变的驱动力，缩短了相变孕育期，促进了形变诱导铁素体在变形过程中快速形核，以及后续冷却过程中的继续形核与长大。

2）22MnB5钢板在1173K变形时，由于温度高于平衡相温度，且应力水平及变形储能水平较低，在30K/s冷却速率的冷却过程中不至于产生形变诱导铁素体。而在低于平衡相温度的873～1073K范围内变形时，降低变形温度的同时，增加了变形储能以及相变驱动力，但也缩短了形变后的继续相变的时间。在30K/s冷却速率下，973K变形时产生的形变诱导铁素体最多，而在90K/s的冷却速率下，873K变形时产生的形变诱导铁素体较多。因此，在冷却速率较大的前提下，尽量提高22MnB5钢板热冲压零件的变形温度有利于减少最终零件中的形变诱导铁素体的含量。

3）由于22MnB5钢板的形变诱导铁素体相变仍然是扩散型相变，时间是关键因素。提高应变速率或冷却速率，即减少了变形过程或变形后冷却过程中的时间，均能大幅度降低形变诱导铁素体的生成量。因此，在22MnB5钢板热冲压工艺中，提高应变速率和模具对零件的冷却速率均有利于获得马氏体含量更多的热冲压零件。

4）22MnB5钢板在贝氏体相变温度区的变形促使AF的快速形核，后续冷却过程提供了更大的相变驱动力，使得 AF 迅速转变完成；且 AF 在原奥氏体晶内形核，以切变机制来形成。高温变形缩短了 AF 相变的孕育期。降低变形温度和增加应变量，提高了奥氏体相强度和原奥氏体晶内的位错胞密度，细化了 AF 板条和增加了组织中的 M/A 岛数量。

5）热机械处理后的马氏体与直接淬火获得的马氏体相比，由于组织更细小，因而强度和延伸率均较高。形变诱导铁素体的出现明显降低了热机械处理后 22MnB5 钢板的抗拉强度，但提高了其延伸率和强塑积，即提高了再变形能力和碰撞中的能量吸收能力。基于母相奥氏体、相变马氏体的化学自由能为温度线性函数的假设和模型，建立了 22MnB5 的考虑高温奥氏体预变形的马氏体相变动力学方程。

6）不同铁素体、贝氏体和马氏体比例的微观组织可以直接通过控制冷却路径获得。考虑到不同相变的持续时间和相变后产物的力学性能，多相的混合组织比单相组织更具实用性。

第5章　超高强度硼钢板热冲压的数值模拟

计算技术尤其是有限元理论和方法的不断发展，使得描述宏观尺度的塑性变形物理模型、数值计算方法日臻完善，数值仿真成为研究金属塑性变形的一种有效手段。将试验结果与有限元数值模拟技术结合起来，以数值形式在计算机上再现实际加工过程，就可以使人们不必亲临生产现场而能够定量、直观、准确和全面地了解加工过程，同时还可以得到材料在塑性加工过程中温度、应力和应变等的分布规律及力学和物化性能等的变化情况，通过对这些信息的分析，可以达到优化工艺的目的，为预报和控制产品质量提供有力的工具。

与冷冲压不同，热冲压零件的成形及开模变形过程始终伴随着温度场的变化，因此除了应力场的作用外，温度场也是影响热冲压零件回弹变形的重要因素。想要准确地描述热冲压零件的成形与开模变形过程，就需要将温度场的影响因素引入到仿真过程中。

本章通过三维软件对B柱及其模具进行了几何建模，基于Dynaform软件提出了一种开模温度场分布的热冲压开模变形仿真方法，对超高强度硼钢板热冲压成形工艺过程进行了数值模拟与仿真，并通过对比B柱的热冲压成形试验结果数据与数值模拟的结果，验证数值模拟的正确性和准确性。

5.1　热冲压常用数值模拟软件概述

目前应用于热冲压成形的数值模拟软件主要有AutoForm、Dynaform和PAM-STAMP。对各软件相关特点总结如下[69-71]。

（1）AutoForm　提供从产品的概念设计直至最后的模具设计的一个完整的解决方案，其主要模块有User-Interface（用户界面）、Automesher（自动网格划分）、Onestep（一步成形）、DieDesigner（模面设计）、Incremental（增量求解）、Trim（切边）和Hydro（液压成形）。它特别适合于复杂的深拉延和拉伸成形模的设计，冲压工艺和模面设计的验证，成形参数的优化，新板料（如拼焊板、复合板）的评估和优化。系统快速易用、有效和可靠，隐式增量有限元迭代求解技术不需人工加速模拟过程，与显式算法相比能在更短的时间里得出结果。它在缩短产品和模具的开发验证时间、降低产品开发和模具成本、提高产品质量上效果显著，对冲压成形的评估提供了量的概念，给企业带来明显的竞争优势和市场机遇。

(2) Dynaform 集成操作环境，无须数据转换，完备的前后处理功能，实现无文本编辑操作，所有操作在同一界面下进行；求解器采用 Ls - dyna，是动态非线性显示分析技术的创始和领导者，解决最复杂的金属成形问题；工艺化的分析过程，囊括影响冲压工艺的60余个因素，以DFE为代表的多种工艺分析模块有好的工艺界面，易学易用。

(3) PAM - STAMP 迄今为止，PAM - STAMP 2G 是世界上唯一整合了所有钣金成形过程的有限元计算机模拟求解方案的软件。它能够完成模具设计、快速模面生成与修改、钣金冲压过程快速成形模拟、成形精确模拟、回弹预测、回弹自动补偿以及回弹后模具型面的输出等。它主要有 PAM - DIEMAKER（模具设计模块）、PAM - AUTOSTAMP（成形质量控制模块）、DIE COMPENSATION 和 ICAPP（成形回弹自动补偿模块）、PAM - INVERSE（反算毛坯模块）、PAM - QUIKSTAMP（快速成形评估模块）、PAM - TFA for CATIA（CATIA 集成环境下成形性分析模块）和 PAM - DIEMAKER for CATIA（CATIA 集成环境下模具设计模块）。

常用数值模拟软件比较见表5-1。

表5-1 常用数值模拟软件比较

软件	AutoForm	Dynaform	PAM - STAMP
计算速度	快	较快	较快
计算精度	一般	较精确	精确
易用性	易用	较易用	较难
软件稳定性	稳定	较稳定	稳定
界面语言	英文	英文	英文
求解器	Incremental	Ls - dyna	AutoStamp
求解类型	隐式	隐式	隐式
网格类型	三角壳单元	四边壳单元	四边壳单元
二次开发	不允许	允许	允许

5.2 考虑开模温度场分布的热冲压开模变形仿真

热冲压零件的生产工艺包括冲压成形、保压淬火和开模三个阶段。在开模之前，由于板料成形后处于封闭的模具中，其形状与所设计的理想零件形状一致，所以最终成形后零件的尺寸超差主要是由开模回弹变形产生。图5-1所示为在试验现场利用红外热像仪测得的B柱零件开模后的温度场分布云图。

从图5-1中可以看出热冲压B柱零件开模后的温度场分布具有明显的非均匀

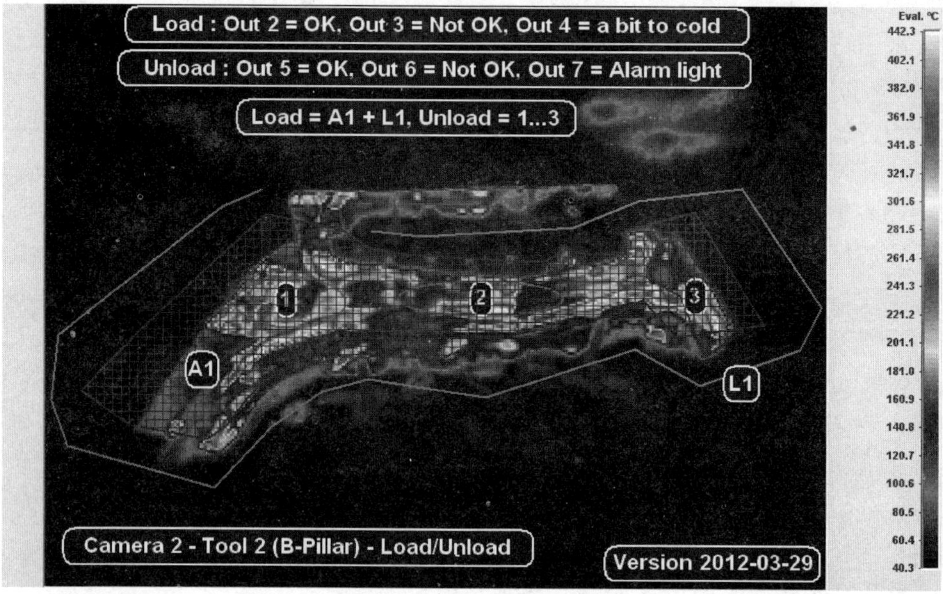

图 5-1　B 柱零件开模后的温度场分布云图

性。其中头部和尾部的法兰拐角处，中间的底部和零件末端的四个边角区域的开模温度较高。而在冲压合模过程中板料与凹模分块先接触的部分由于率先发生接触传热，开模温度普遍较低，与相邻的高温区域形成明显的温度梯度。可见开模温度分布呈明显差异化的部位与零件变形集中的部位分布一致，即开模温度场的分布以及开模变形过程中零件内部温度场的变化对其最终的回弹变形有着重要的影响。为了准确地预测热冲压零件的开模变形，必须将温度场的变化因素引入热冲压零件的回弹变形仿真当中，因此本书提出一种采用热力耦合的方法对热冲压零件的回弹变形进行有限元分析。

5.2.1　热冲压工艺的耦合分析方法概述

薄板的传统冲压过程是在模具各个部件的共同作用下，促使板料发生塑性变形。板料在塑性变形过程中的变形能来自于模具运动部件传递的外功，而能量的传递依靠于模具与板料的接触和摩擦。由于塑性变形和摩擦产生的板料内能变化很小，在实际数值分析计算中，往往忽略不计，以降低数值分析的计算量，提高效率。

在热冲压成形条件下，板料的内能除了部分来自于塑性变形，绝大部分来源于板料被加热。随着成形过程的逐渐进行，板料与模具的接触状态不断发生变化，能量的传递非常复杂。要准确计算板料的内能，需要通过分析板料不同部位的温度场，以确定其各个部位的力学性能，并在此基础上，判断板料与模具的接触情况，通过传热计算再反过来修正温度场。通过这种变形场与温度场耦合计算的方法，对超高强度钢板的热冲压工艺进行较为准确的模拟[72-75]。

图 5-2 所示为热冲压工艺的耦合分析方法。模具定义为刚体，板料和模具都使用壳单元进行网格划分。在接触模型方面，除了需要进行热传导计算以外，其他力学计算方法与传统冷冲压工艺计算方法相同。

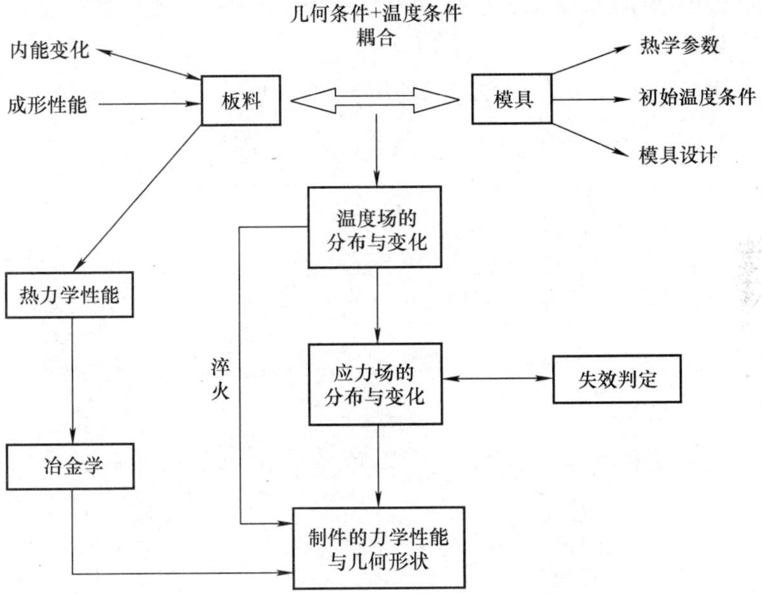

图 5-2　热冲压工艺的耦合分析方法

5.2.2　考虑开模温度场分布的热冲压开模变形仿真方法

有限元中的算法一般分为显示和隐式两种，它们各自的特点见表 5-2。对板料冲压后的回弹过程进行应力应变场的分析时，为保证回弹仿真的精度，多选择计算成本较高的隐式算法。而在对温度场进行分析时，考虑到计算的成本及经济型，在此采用显示算法。

表 5-2　显隐式算法对比

显示算法	直接求解平衡方程	计算成本和精度相对较低
隐式算法	需联立求解方程组	计算成本和精度相对较高

对于零件开模后的应力卸载回弹过程，本书采用无模法进行模拟，即在回弹仿真开始时，先移除冲压成形过程中的模具工具，将成形终了状态的接触条件转化为反向的力学边界条件 F'，并导入成形终了时刻板料的应力应变场信息作为回弹仿真过程中板料的初始状态。回弹开始时，接触反力 F' 作为外力场与板料内部的应力场相互平衡。设置三点约束防止板料发生刚体运动，回弹仿真过程中

逐步将外力卸载至零，采用隐式增量法求解结构系统的运动学平衡方程组，得到零件开模回弹后的最终形状及应力应变场的分布。

结构系统的通用运动学平衡方程为

$$[\boldsymbol{M}]\{\ddot{\boldsymbol{U}}\}+[\boldsymbol{C}]\{\dot{\boldsymbol{U}}\}+[\boldsymbol{K}]\{\boldsymbol{U}\}=\{\boldsymbol{F}\} \tag{5-1}$$

式中，$[\boldsymbol{M}]$、$[\boldsymbol{C}]$ 和 $[\boldsymbol{K}]$ 分别为结构的质量、阻尼和刚度矩阵；$\{\ddot{\boldsymbol{U}}\}$、$\{\dot{\boldsymbol{U}}\}$ 和 $\{\boldsymbol{U}\}$ 分别为节点的加速度、速度和位移矢量[76]；$\{\boldsymbol{F}\}$ 为结构所受内外力的矢量合，即接触反力 F' 与内应力之差。

求解上述回弹过程中的平衡方程采用 Newmark 隐式法，假定从 t 到 $t+\Delta t$ 时刻的加速度不变，取为常数$\frac{1}{2}(\{\ddot{U}\}_t+\{\ddot{U}\}_{t+\Delta t})$，则有

$$\{\dot{U}\}_{t+\Delta t}=\{\dot{U}\}_t+\frac{1}{2}(\{\ddot{U}\}_t+\{\ddot{U}\}_{t+\Delta t})\Delta t \tag{5-2}$$

$$\{U\}_{t+\Delta t}=\{U\}_t+\{\dot{U}\}\Delta t+\frac{1}{4}(\{\ddot{U}\}_t+\{\ddot{U}\}_{t+\Delta t})\Delta t^2 \tag{5-3}$$

由式（5-2）和式（5-3）可以得到用$\{U\}_{t+\Delta t}$、$\{U\}_t$、$\{\dot{U}\}_t$和$\{\ddot{U}\}_t$表示的$\{\dot{U}\}_{t+\Delta t}$和$\{\ddot{U}\}_{t+\Delta t}$的表达式，即

$$\{\ddot{U}\}_{t+\Delta t}=\frac{4}{\Delta t^2}(\{U\}_{t+\Delta t}-\{U\}_t)-\frac{4}{\Delta t}\{\dot{U}\}_t-\{\ddot{U}\}_t \tag{5-4}$$

$$\{\dot{U}\}_{t+\Delta t}=\frac{2}{\Delta t}(\{U\}_{t+\Delta t}-\{U\}_t)-\{\dot{U}\}_t \tag{5-5}$$

考虑 $t+\Delta t$ 时刻的运动学平衡方程并将式（5-4）和式（5-5）代入，即可得到关于$\{U\}_{t+\Delta t}$的方程：

$$[\overline{\boldsymbol{K}}]\{U\}_{t+\Delta t}=\{\overline{F}\}_{t+\Delta t} \tag{5-6}$$

式中，$[\overline{\boldsymbol{K}}]$ 为有效刚度矩阵；$\{\overline{F}\}_{t+\Delta t}$为有效载荷。

$$[\overline{\boldsymbol{K}}]=[\boldsymbol{K}]+\frac{4}{\Delta t^2}[\boldsymbol{M}]+\frac{2}{\Delta t}[\boldsymbol{C}] \tag{5-7}$$

$$\{\overline{F}\}_{t+\Delta t}=\{F\}_{t+\Delta t}+[\boldsymbol{M}]\left(\frac{4}{\Delta t^2}\{U\}_t+\frac{4}{\Delta t}\{\dot{U}\}_t+\{\ddot{U}\}_t\right)+[\boldsymbol{C}]\left(\frac{2}{\Delta t}\{U\}_t+\{\dot{U}\}_t\right) \tag{5-8}$$

由式（5-6）~式（5-8）可得$\{U\}_{t+\Delta t}$，进而可由式（5-4）和式（5-5）解出$\{\dot{U}\}_{t+\Delta t}$和$\{\ddot{U}\}_{t+\Delta t}$。

对温度场进行分析时，根据传热学的基本理论，可以推导出板料在热回弹过程中的传热微分方程[77]：

$$\rho c\frac{\partial T}{\partial t}=K\left(\frac{\partial^2 T}{\partial x^2}+\frac{\partial^2 T}{\partial y^2}+\frac{\partial^2 T}{\partial z^2}\right)+\dot{q} \tag{5-9}$$

式中，ρ 为材料的质量密度；c 为比热容；T 为材料内部任一点的瞬时温度值；t 为时间；K 为各向同性材料的导热系数；$\dot{q}$为单位体积内的热生成率。

初始条件的设定：将热冲压成形后的温度场分布信息导入作为回弹仿真分析开始时的温度场初始状态；边界条件的设定：在回弹仿真分析的过程中，主要的边界条件为板料与工作环境之间的热交换，而环境温度设定为室温，故属于第三类边界条件，即

$$Q = H(T_{\mathrm{blank}} - T_{\mathrm{air}}) \tag{5-10}$$

$$H = h + h_{\mathrm{s}} \tag{5-11}$$

式中，Q 为等效热流密度；H 为总换热系数，由板料与空气间的对流传热系数 h 和辐射换热系数 h_{s} 组成；T_{blank}和 T_{air}分别为板料和环境温度。

对式（5-9）进行变分和离散化可得单元瞬态温度场有限元方程的矩阵形式：

$$\boldsymbol{C}^e \dot{T}^e + \boldsymbol{K}^e T^e = F^e \tag{5-12}$$

式中，$\boldsymbol{C}^e$ 和 $\boldsymbol{K}^e$ 分别为单元的热容矩阵和热传导矩阵；$\dot{T}^e$ 和 T^e 分别为单元节点温度对时间的导数向量和节点温度向量；F^e 为节点的温度载荷向量[77]。

求解上述温度场有限元方程，采用中心差分显示法，即

$$\dot{T}_t = \frac{1}{2\Delta t}(T_{t+\Delta t} - T_{t-\Delta t}) \tag{5-13}$$

将式（5-13）代入式（5-12）可得

$$\frac{\boldsymbol{C}^e}{2\Delta t}T_{t+\Delta t} = \boldsymbol{F}^e - \boldsymbol{K}^e T_t + \frac{\boldsymbol{C}^e}{2\Delta t}T_{t-\Delta t} \tag{5-14}$$

由式（5-14）即可得到某一时刻的温度 $T_{t+\Delta t}$。

5.2.3 回弹变形的热力耦合分析流程

本书的热力耦合分析采用直接耦合法，通过时间步的设定使回弹变形分析和热分析反复交替进行。应力应变场的求解和温度场的求解按照时间步分开单独计算，但两者之间又通过与温度直接相关的材料热物理参数及高温应力应变本构关系紧密联系，最终实现考虑温度场变化的零件开模回弹变形仿真。具体的开模回弹变形的热力耦合有限元分析流程如图 5-3 所示。

B 柱的热成形过程为：先将板料在炉中加热至 1203K 保温 5min，使得硼钢板内部组织完全奥氏体化后，由机械手取出转移至模具（图 5-4）上，进行冲压，待到冲程结束，模具闭合后进行保压淬火，最后开模取出成形后的零件。冲压过程中（这里是指从模具开始运动到模具闭合的过程），按各部分模具的具体动作情况可分为三个步骤：

1）凸模和压边圈一起向下运动，其余分块模具保持静止，此步骤的运动结束后，凸模与凹模分块 2 接触。

2）凸模和压边圈一起继续向下运动，其余分块模具保持静止，直至凸模和凹模分块 1 接触。

3）凸模、压边圈及两个凹模分块共同向下运动，其余分块模具静止，两个凹模分块与凸模之间保持一定的接触压力载荷，直到模具完全闭合，闭合后模具进入保压阶段。

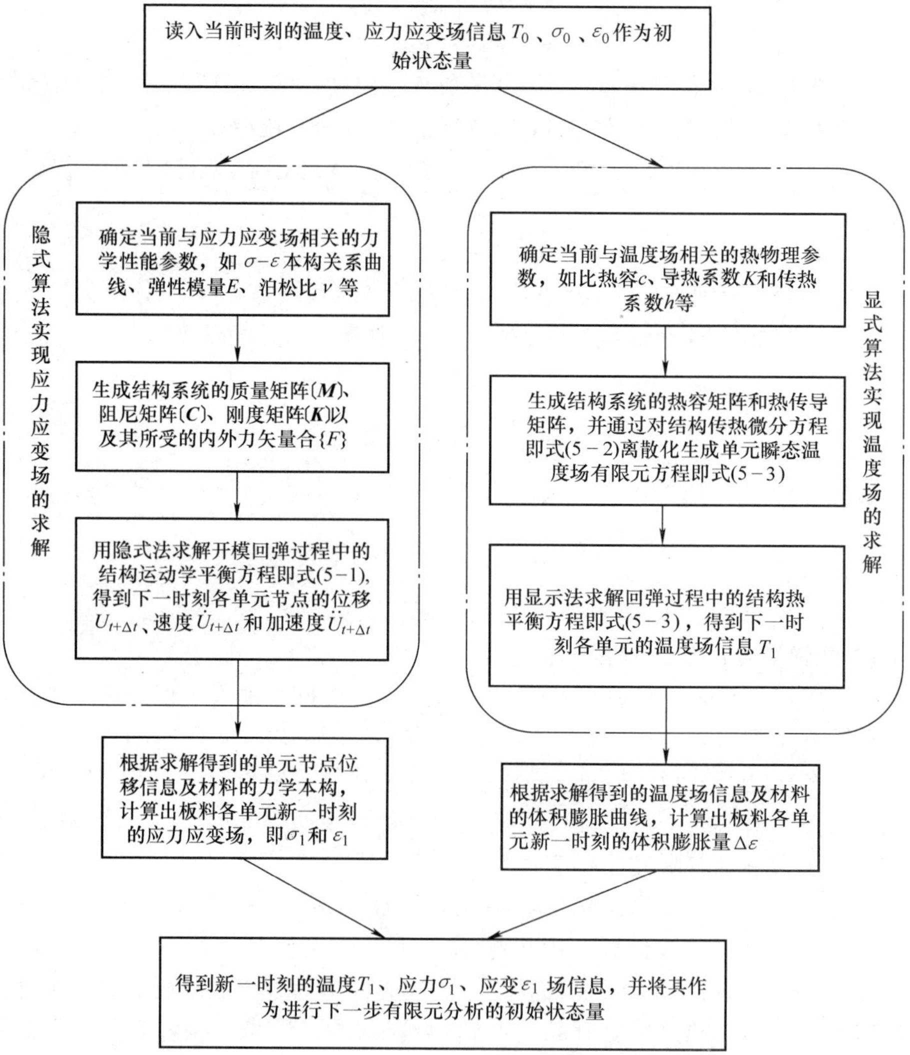

图 5-3　具体的开模回弹变形的热力耦合有限元分析流程

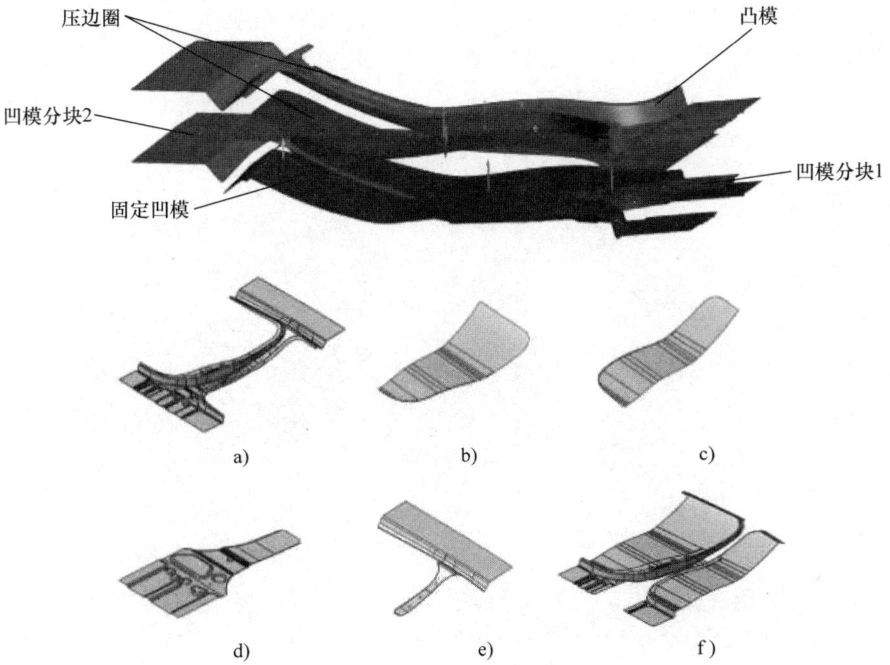

图 5-4　B 柱热冲压模具

a）凸模　b）、c）压边　d）、e）凹模分块　f）凹模

5.2.4　基于 Dynaform 的 B 柱的热冲压成形过程仿真

5.2.4.1　仿真类型设置

在对 B 柱零件进行热冲压成形仿真时，选择零件的冲压方向为 Z 轴；工具运动的加速时间可以选择 0.001s，这样既能够方便理想化的分析，而且不容易造成计算的不收敛；由于涉及热力学过程，需要选择 Coupled thermal structural analysis，如图 5-5 所示。

各部分零件位置关系如图 5-5 所示，该位置关系由现场工况得到。

5.2.4.2　材料模型的定义

Dynaform 与 AutoForm 都是常用的仿真软件，但是 Dynaform 中可以选择不同的材料模型，能更为贴切的定义材料。该项设置在 Blank 界面完成。对于热成形材料 22MnB5，选择 106 号弹性－黏塑性－热材料模型，因为模型没有对称且没有折叠情况，所以 Symmetry type 中选择 none，Contact 中不选择 Single surface。在 Thickness 中设置冲压板料的厚度，如图 5-6 所示。

22MnB5 材料的性能主要由三部分组成，即基本物理性能、力学性能和成形性能。在 106 号材料模型中，通过密度、弹性模量、泊松比、热膨胀系数、黏性系数、应力－应变曲线及成形极限曲线进行定义。

在热冲压中由于温度历程和相变的存在，零件在热成形和模具内淬火的过程中，均有不同程度的体积变化，该现象由热胀冷缩和相变体积应变引起，将影响最终的开模变形与尺寸超差。通过 DIL 试验，精确获得了板料在热冲压温度历程下的 DIL 曲线，可以仿真板料模具中成形与冷却过程中的热胀冷缩及相变体积应

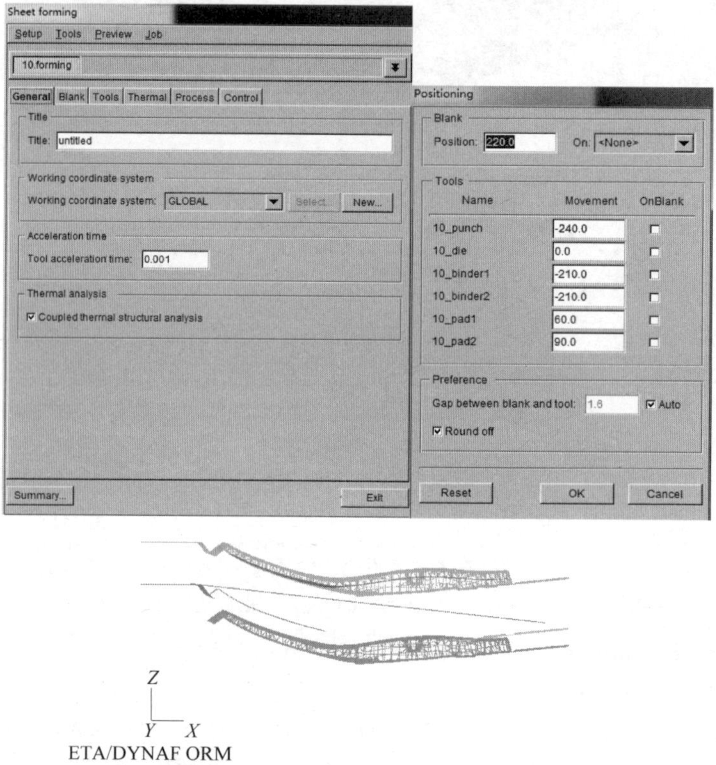

图 5-5　综合设置及零件位置设置

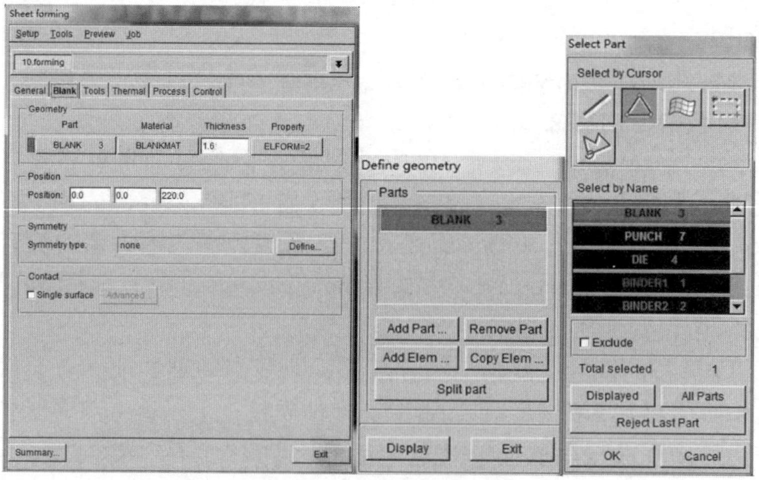

图 5-6　Blank 界面设置

变，因此可以精确再现热胀冷缩与相变体积应变对成形结果的影响，与冲压实际情况更加贴切。应力－应变曲线也在常温和不同高温下分别定义。各参数设置如图 5-7 所示（在 Dynaform 软件中，采用的温度单位为℃，下同）。

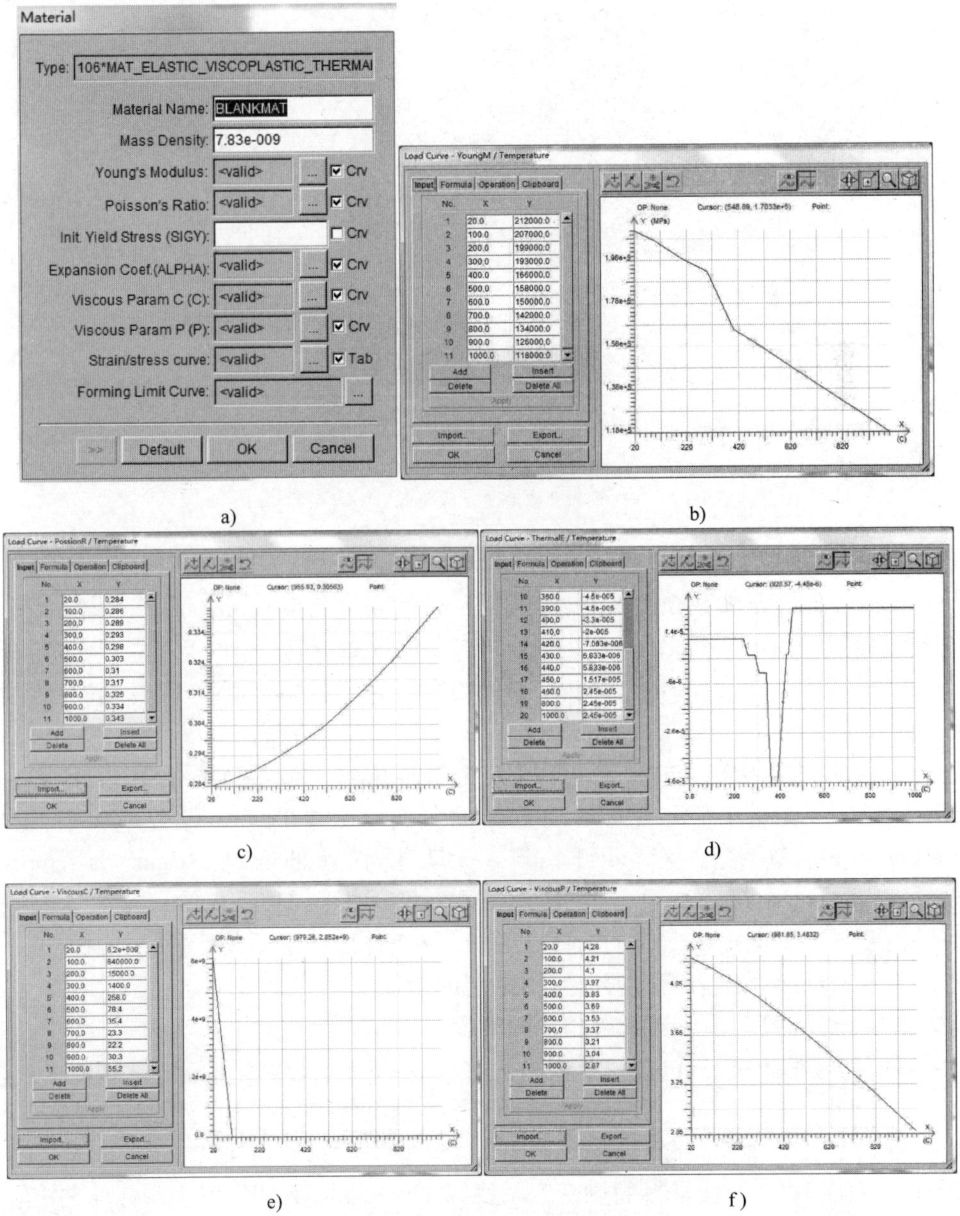

图 5-7　各参数设置

a）106 号材料参数　b）弹性模量　c）泊松比　d）热膨胀系数

e）黏性系数 C　f）黏性系数 P

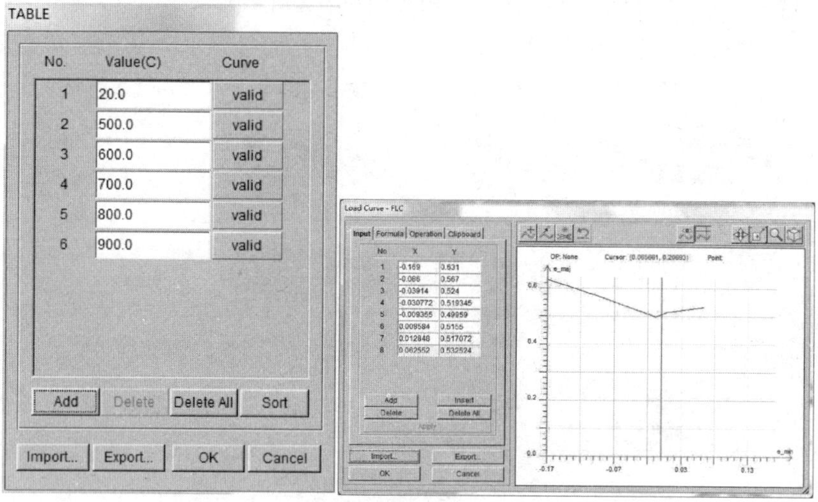

g) h)

图 5-7 各参数设置（续）

g）各温度应力 - 应变曲线 h）FLC

5.2.4.3 热成形工具的设置

B 柱零件主要涉及 6 个工具，分别为 die（固定凸模）、punch（凸模）、pad1（凹模分块）、pad2、binder1（压边圈 1）及 binder2（压边圈 2）。在 Dynaform 的 Tools 中，需要对工具的定位方向、工作方向、模具形面偏置、行程进行设置，如图 5-8 所示。

设置 die 中的 Movement 为 0，以其为基准位置；设置 punch 中的 Movement 为 -240，代表 punch 沿着它运动方向的负向移动 240mm；设置 binder1 中的 Movement 为 -210，代表 binder1 沿着它运动方向的负向移动 210mm；设置 pad1 中的 Movement 为 60，代表 pad1 沿着它运动方向的正向移动 60mm。

由于导入的曲面为凹模的形面，而板料在凹模以上，所以凹模、凹模分块不需要偏置，凸模、压边圈需要偏置出一定的数值。

5.2.4.4 热参数、热边界条件和接触设置

因为本数值模拟只包含一个板料，故在 Blank 中，选择统一热材料，故选择 Common thermal material。此外，材料的比热容及传热系数均与温度相关，并且模具钢基本属于热各向同性材料，因此材料的类型选 6 * MAT_THERMAL_ISOTROPIC_TD_LC。默认材料的热密度与物理密度相同，因此设为 0.0kg/m^3 作为默认值。板料及工具热参数设置如图 5-9 所示。

设定未进行热交换前板料开始温度为 800℃，模具开始温度为 50℃，辐射因子为 0.6SBC，由于采用 20 倍加速法，而 Dynaform 自身没有对环境对流参数进

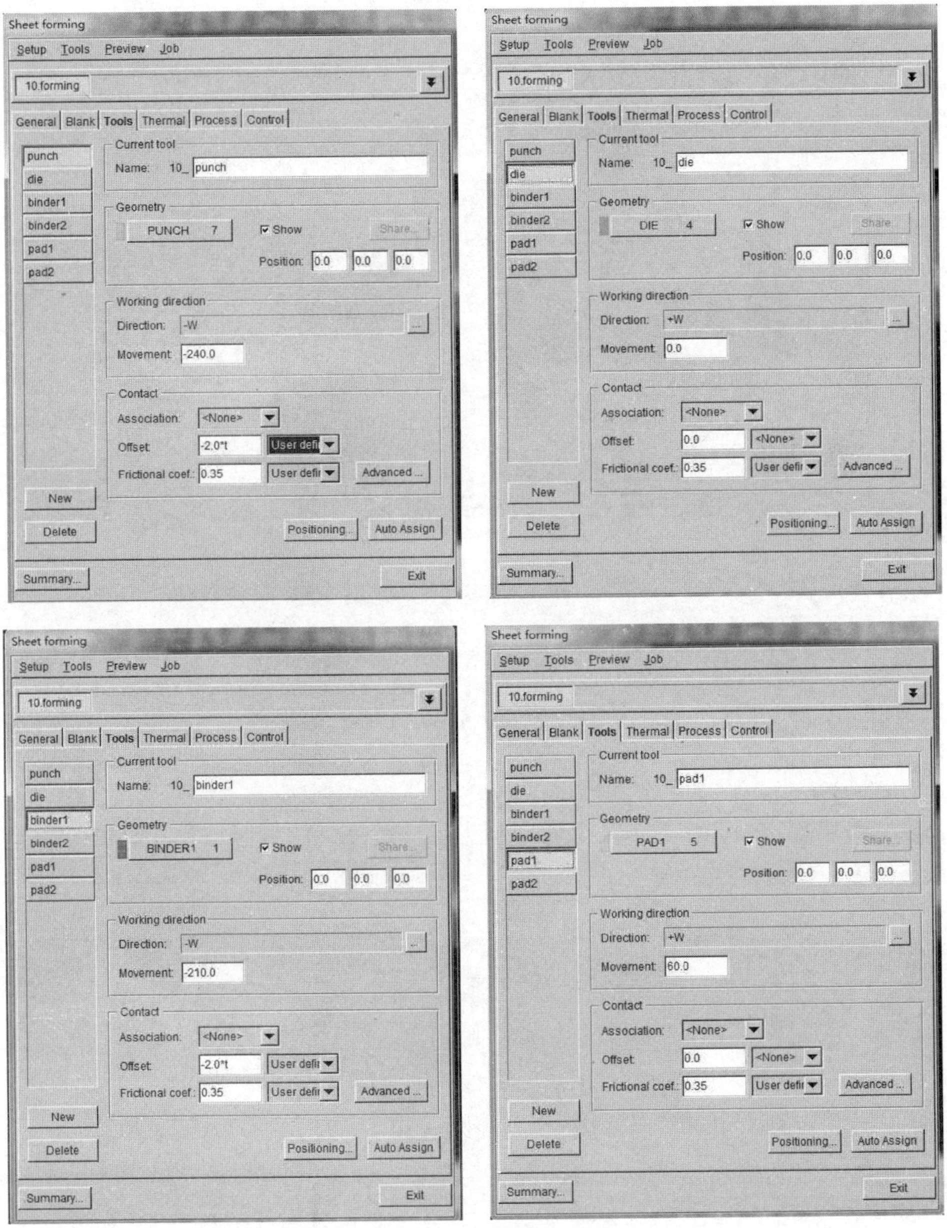

图 5-8　热成形工具的设置

行自动放大，因此需要人工放大，实际传热系数为 50W/(m^2 · K)，加速 20 倍后，传热系数 1000W/(m^2 · K)，如图 5-10 所示。

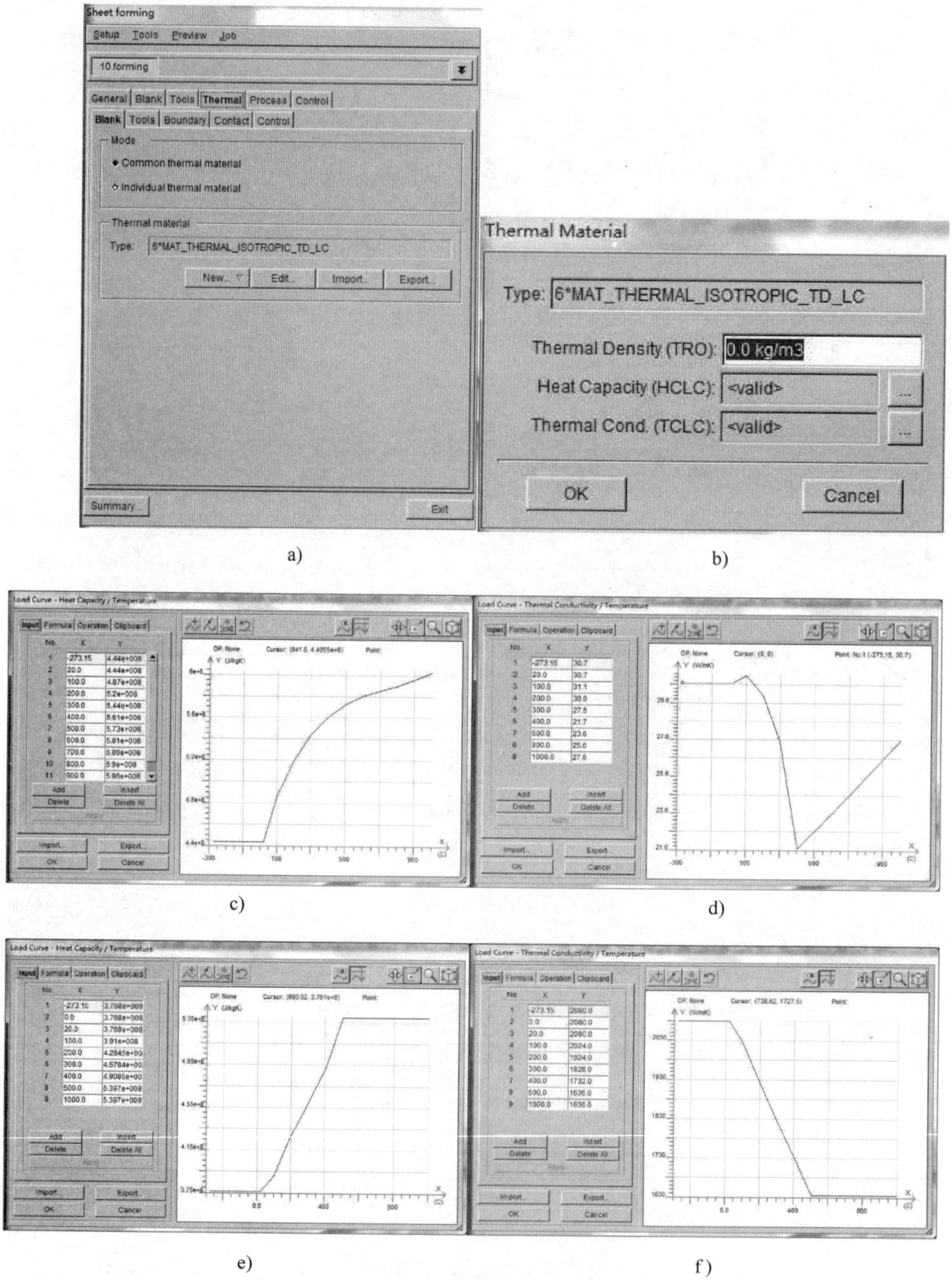

图 5-9　板料及工具热参数设置

a）热参数设置　b）热密度设置　c）板料比热容设置

d）板料传热系数设置　e）工具比热容设置　f）工具传热系数设置

Ls－DYNA 中的传热过程分两个部分：在零件最大间隙之外，系统认为零件单纯与环境进行热交换；在最大间隙与最小间隙之间，系统认为零件之间进行热交换，发生热传递的模具最小间隙为 0.035mm，最大间隙为 0.5mm。由于两个模具相接触时，采用单向算法，可以忽略其对环境空气的对流与辐射，因此选择第一个复选框。如图 5-10 所示。

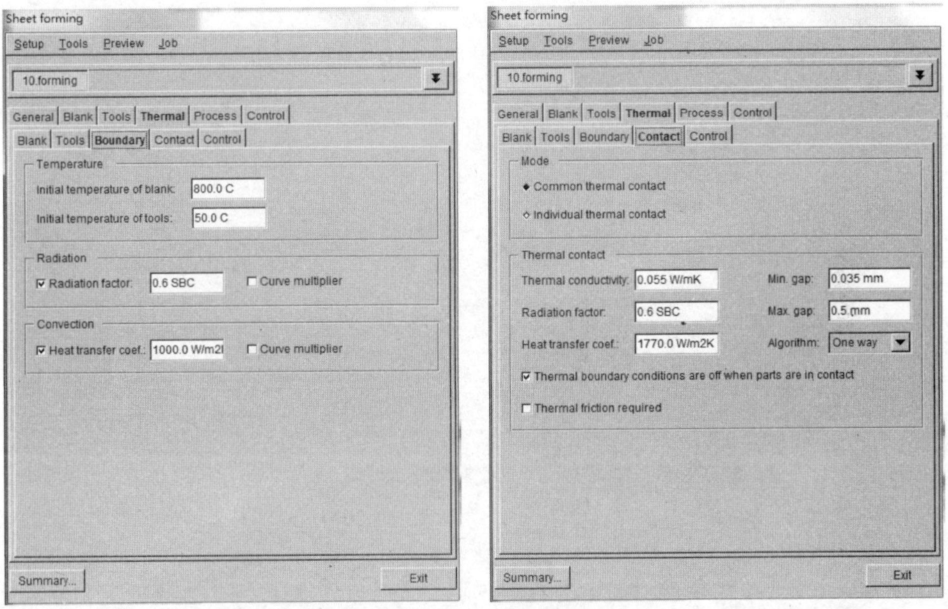

图 5-10　热边界条件设置及接触设置

5.2.4.5　成形过程参数设置

在 Dynaform 中可通过设置实现冲压过程。由于采用了时间加速算法，因此具体的仿真工艺参数设置中与时间相关的选项均放大了 20 倍。

如图 5-11 所示，closing1 中 punch、binder1 速度参数设置为 2400；closing2 中 punch、binder1 速度参数设置为 2400，pad2 压力参数设置为 10；closing3 中 punch、binder1 速度参数设置为 2400，pad1、pad2 压力参数设置为 10；drawing 中 punch 速度参数设置为 2400，binder1、binder2 压力参数设置为 0.1，pad1、pad2 压力参数设置为 10；time 中 punch 压力参数设置为 10，binder1 压力参数设置为 0.1，保压时间 0.175。

5.2.5　带有温度历程的开模变形仿真方法

在 Dynaform 中进行开模变形仿真，可以直接在成形分析后添加一个 Springback 分析步设置计算，也可以将成形仿真的结果文件重新导入，通过 Setup 中的 Springback 设置实现，如图 5-12 所示。但是受到 Dynaform 软件本身的限制，无法实现考虑热温度场的开模变形分析，本书基于 Ls－dyna 软件，结合 Dynaform 的计算思路，提出了一种带有温度历程的开模变形仿真方法。

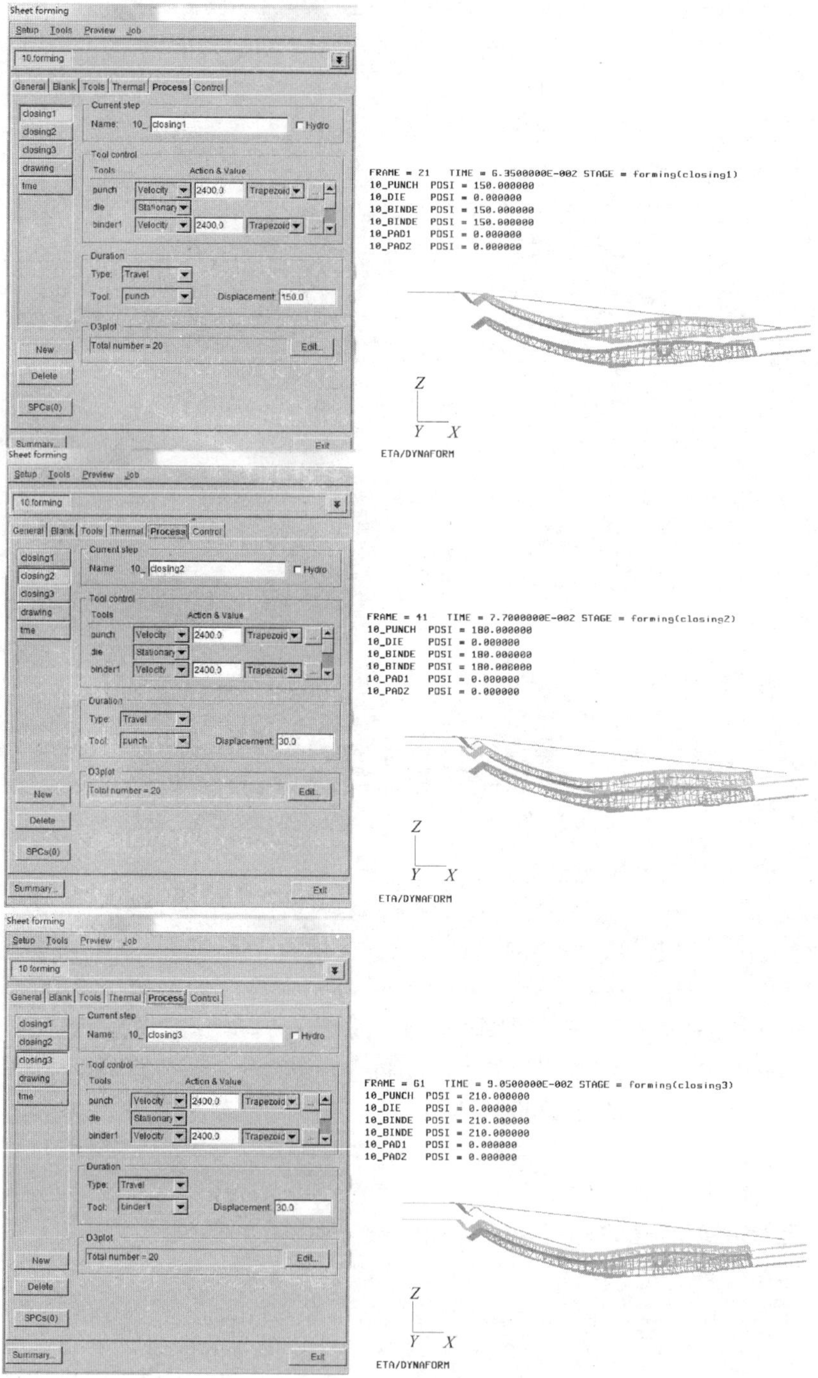

图 5-11　成形过程参数设置

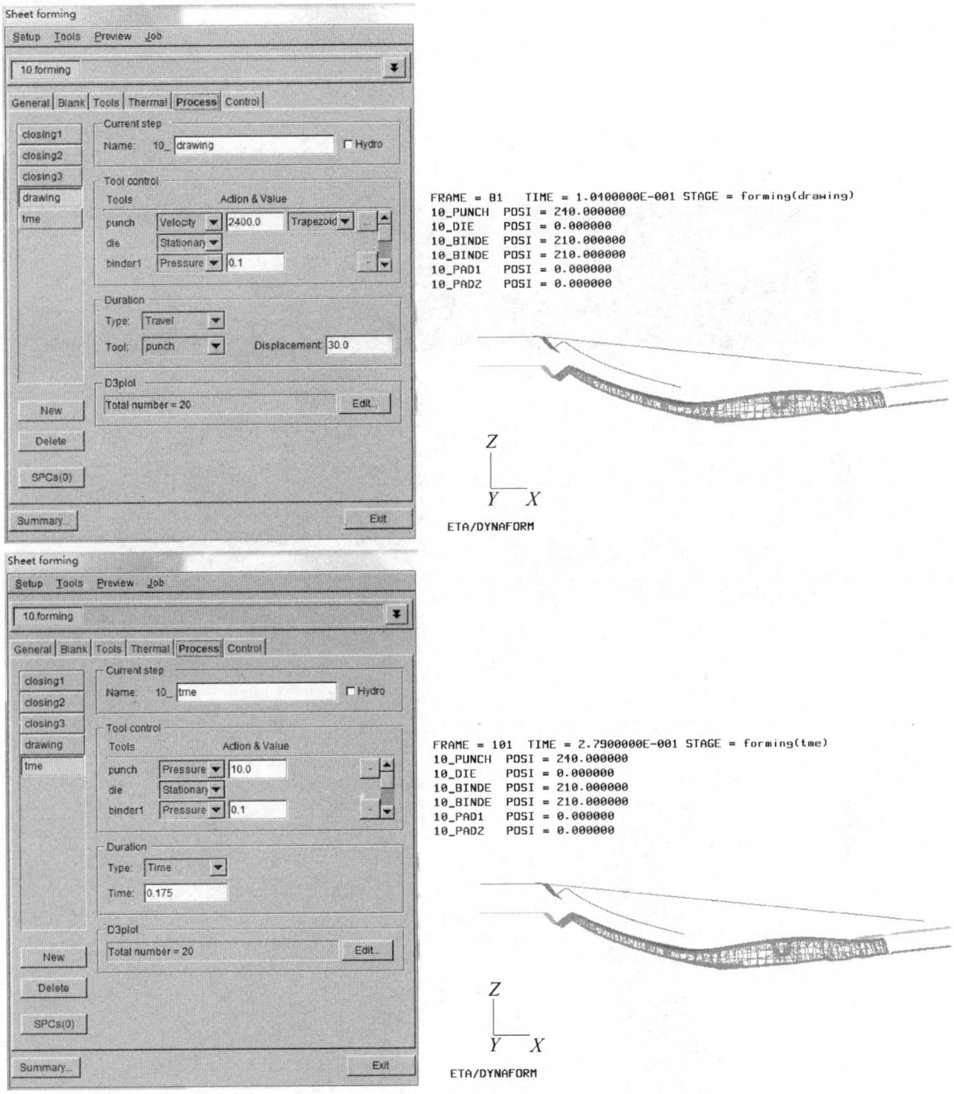

图 5-11　成形过程参数设置（续）

新建一个 *. k 文件，用 Ultraedit 或记事本等文本编辑软件将热成形与淬火后形成的结果文件 *. dynain 与 *. new_temp_ic. inc 中的字段导入其中。在 Ls - prepost中将其打开，在 Keyword Manager 对话框中得到以下字段信息，如图 5-13所示。

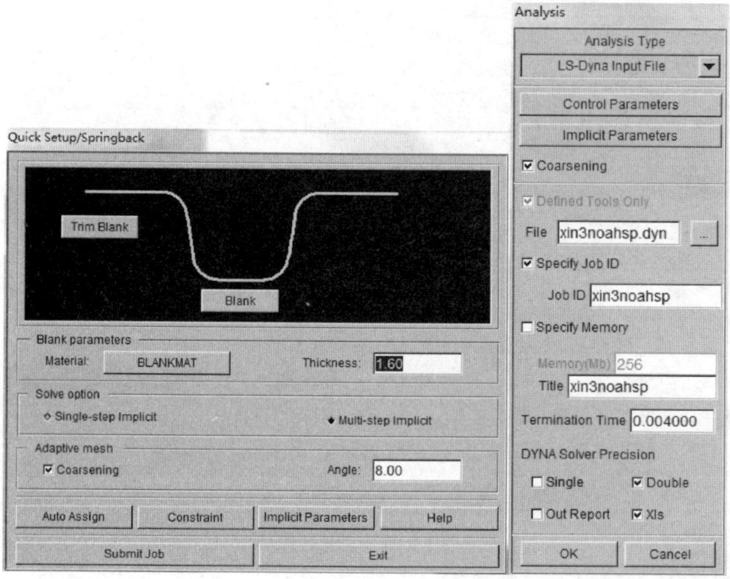

图 5-12 回弹设置

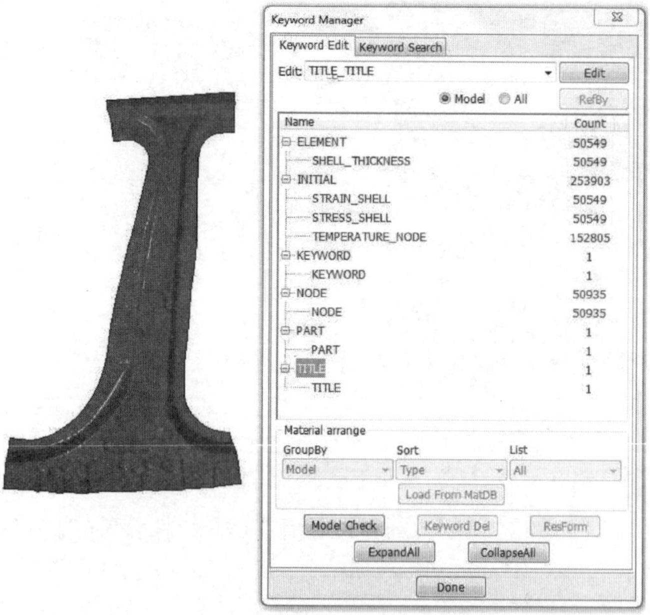

图 5-13 Keyword Manager 对话框

由于需要计算板料开模后自由冷却状态的变形，所以选择约束点的原则是使其刚体位移和旋转被限制而其变形不被限制。具体方法是选择第一点约束其 X、Y、Z 三个方向的位移；在其 X 方向寻找第二点约束其 Y、Z 两个方向位移；在第二点的 Y 方向选择第三点约束其 Z 方向位移。通过这种方法零件的刚体位移和旋转就被约束住了，而弹塑性变形不会被约束，如图 5-14 所示。

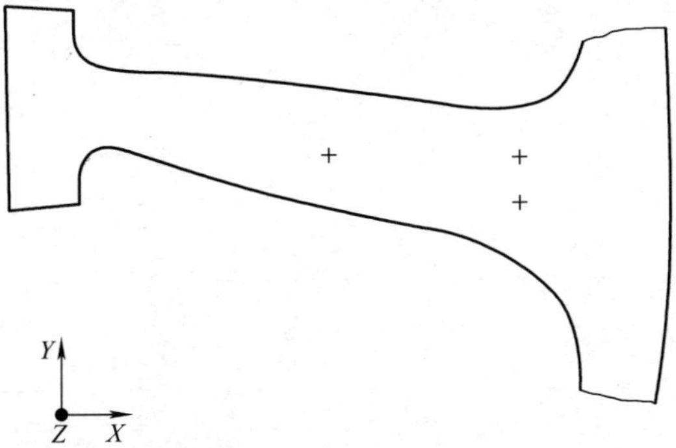

图 5-14　约束点选取

由于主要需要得出其冷却引起的最终变形，而与冷却速度无关。因此可选用单一热过程控制，并且选择采用放大倍数进行时间加速。热过程设置如图 5-15 所示。

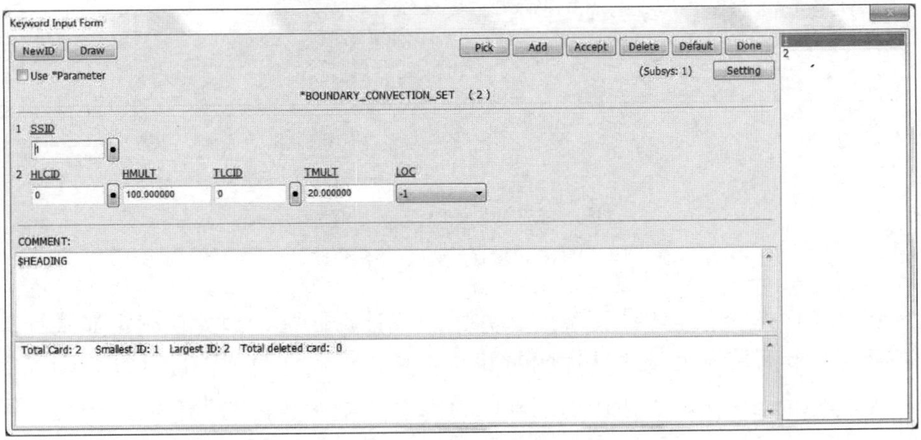

a)

图 5-15　热过程设置

a）放大倍数设置

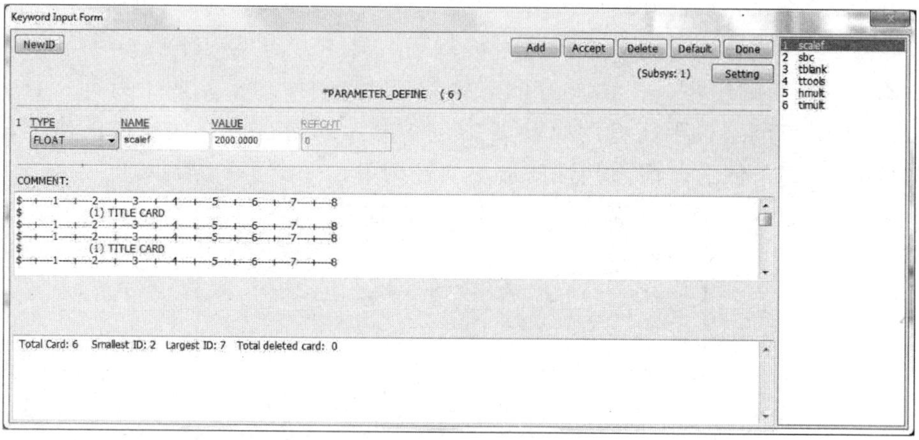

b)

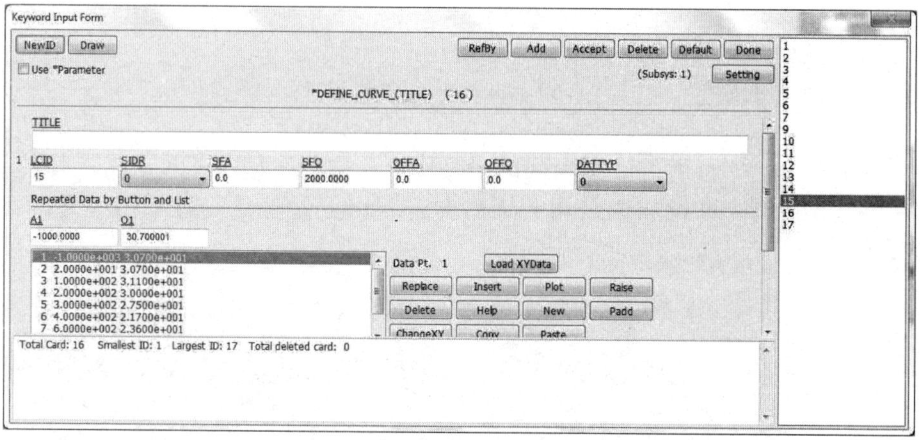

c)

图 5-15　热过程设置（续）

b）换热系数设置　c）传热系数设置

由于该方法采用显式计算温度，并用隐式计算回弹，因此在确定显式计算的总时间后，根据其设置隐式计算的时间与步长，可以使显式温度计算与隐式回弹计算交替进行，并在每次迭代采用新的材料参数。所获得的带有温度历程的回弹结果较单纯考虑单一温度下应力释放所获得的回弹结果更为准确。

回弹详细设置如图 5-16 所示。

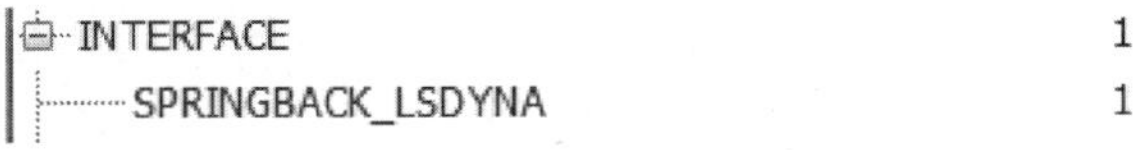

a)

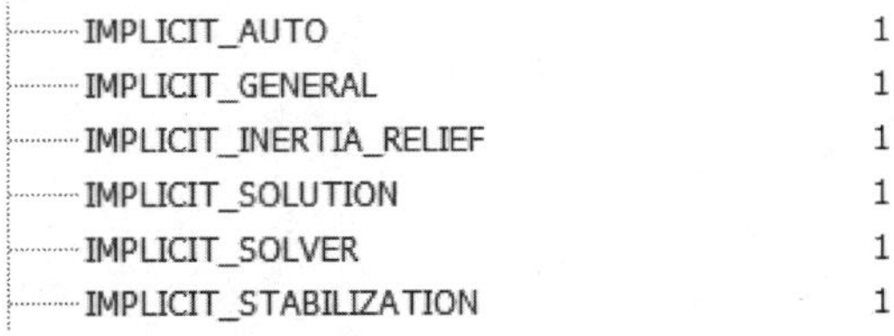

b)

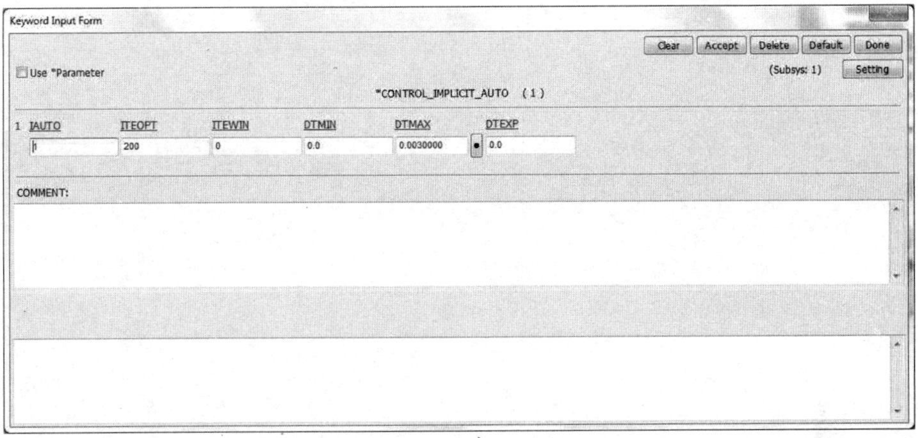

c)

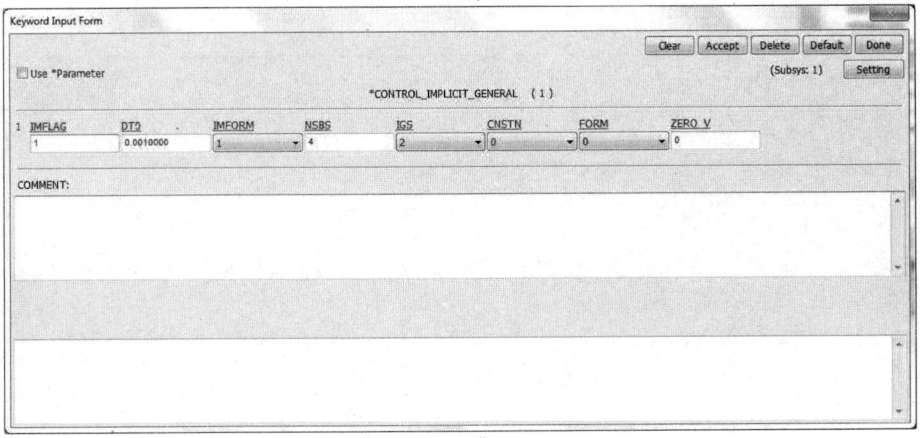

d)

图 5-16　回弹详细设置

a）INTERFACE 中设置回弹截面　b）CONTROL 中设置隐式回弹分析

c）IMPLICIT_AUTO 设置　d）IMPLICIT_GENERAL 设置

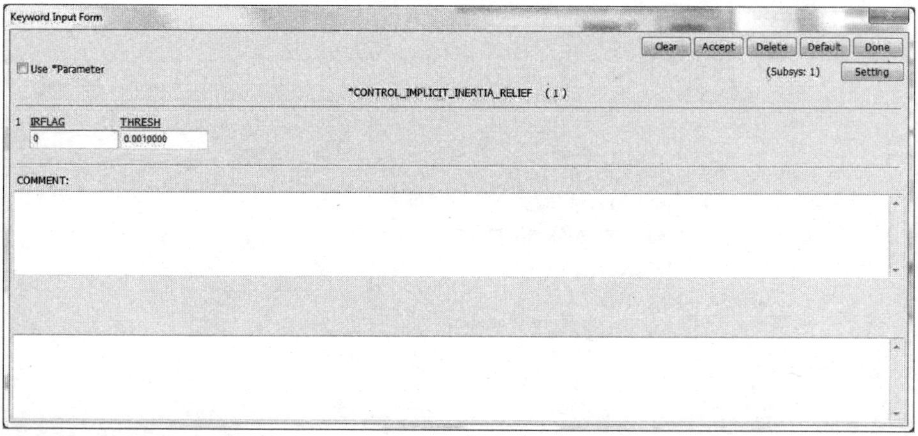

e)

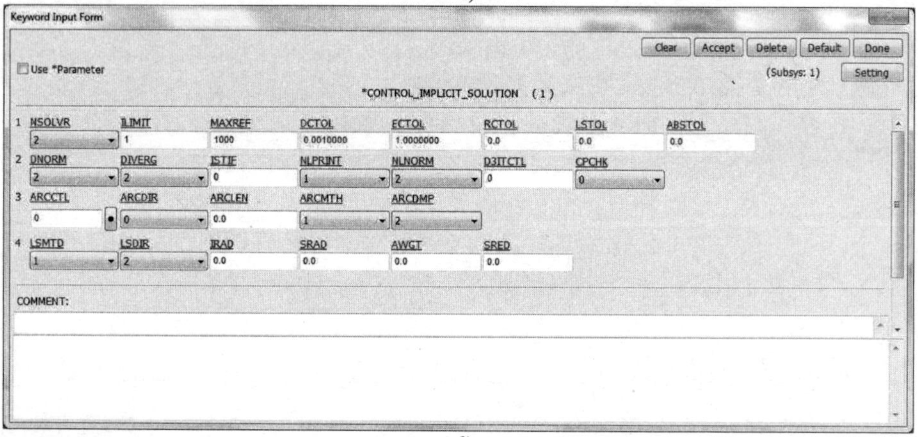

f)

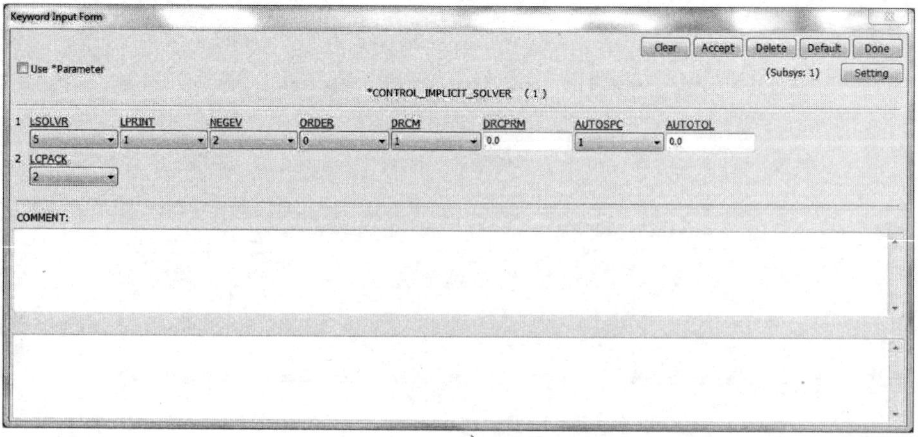

g)

图 5-16 回弹详细设置（续）

e）IMPLICIT_INERTIA_RELIEF 设置 f）IMPLICIT_SOLUTION 设置 g）IMPLICIT_SOLVER 设置

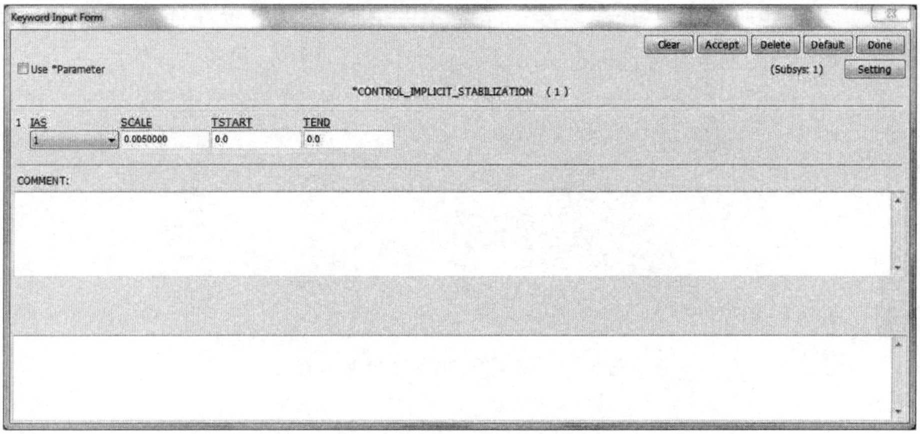

h)

图 5-16 回弹详细设置（续）

h）IMPLICIT_STABILIZATION 设置

材料的设置与 5.2 中成形仿真方法设置相同，设置完成后提交至 *.dyn 导入 Ls－dyna 软件进行计算。

采用显式计算温度＋隐式计算回弹迭代更新的方法，可以模拟材料在出炉后冷却至室温的变形过程。该过程采用 Dynaform 软件自带的回弹模块不能实现，需要手动设置 *.k 文件。带有温度历程的开模变形仿真可以实现在回弹仿真的过程中考虑热胀冷缩与相变带来的体积应变，获得的结果与实际值更加符合。

5.3 热冲压开模变形仿真模型的验证

基于带有温度历程的开模变形仿真方法所计算获得的 B 柱零件温度和厚度分布云图如图 5-17 和图 5-18 所示。

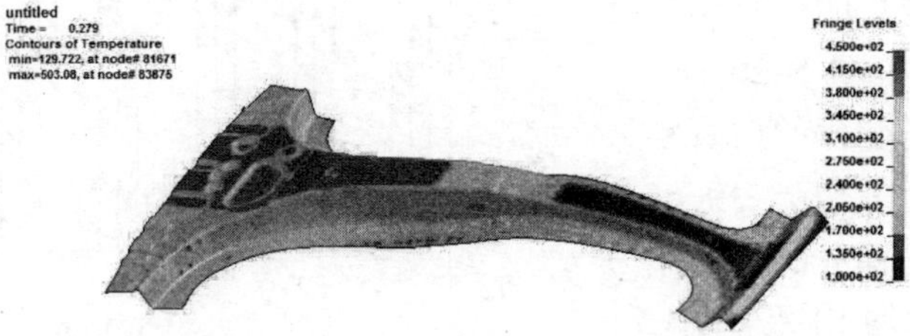

图 5-17 B 柱零件温度分布云图

为了验证上述考虑开模温度场变化的热冲压零件开模变形仿真方法的准确

性，将实际热冲压过程中开模后冷却至室温的B柱零件放置在如图5-19a所示的检具中进行测量，得到所选取的7个观测点（图5-19b）的变形尺寸。

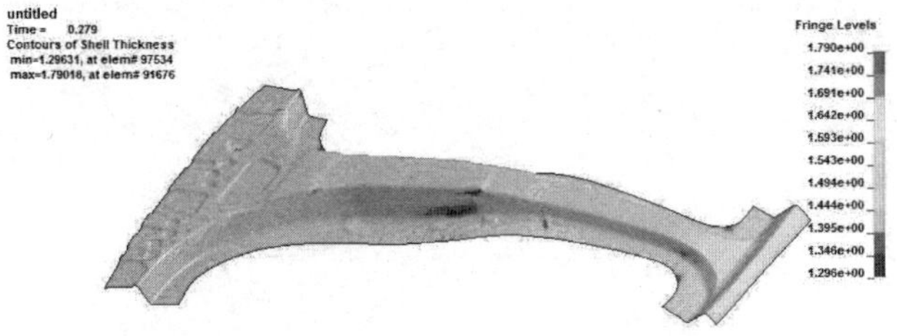

图5-18　B柱零件厚度分布云图

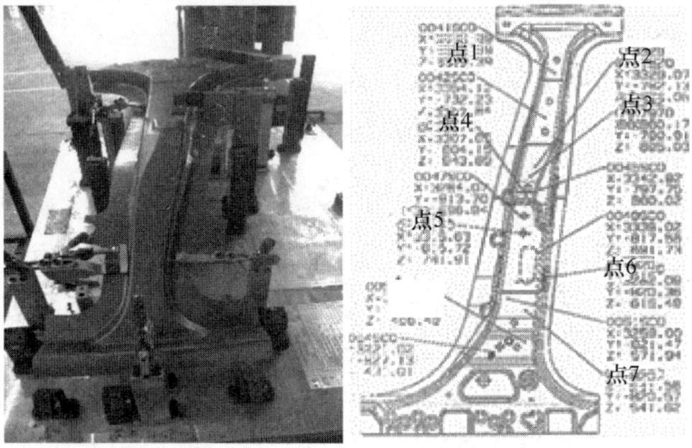

a)　　b)

图5-19　试验观测所用检具及观测点位置

a）观测所用检具　b）观测点位置

将实测结果和考虑开模温度场变化的仿真结果及传统的不考虑开模温度场变化的仿真结果进行对比，结果如图5-20所示：考虑开模温度场变化的仿真结果与实测结果平均相差10.6%，而只考虑应力场释放的仿真结果与实测结果平均相差82.8%。从而证明了采用本书所提出的仿真方法预测大型复杂热冲压零件的开模回弹变形，相对于传统仿真方法，其准确性有显著的提高。

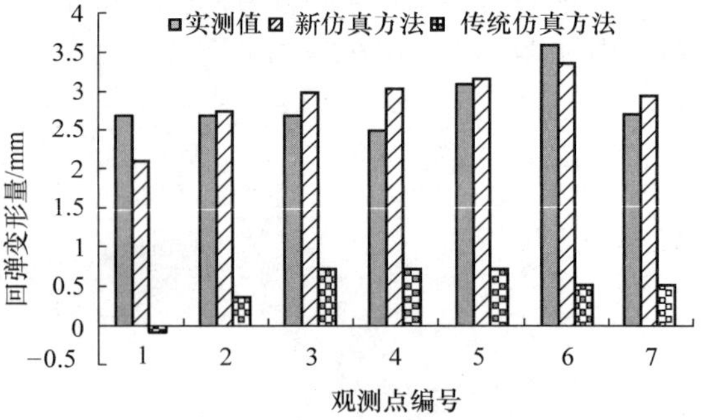

图5-20　三组变形量结果对比

5.4 本章小结

本章利用热力耦合的有限元分析方法，对超高强度硼钢板的热冲压成形工艺过程进行了数值模拟与仿真，具体可归纳出以下几点：

1）介绍了常用的热冲压数值模拟软件及热冲压工艺的耦合分析方法。基于Dynaform软件从几何建模、网络划分、工艺设置及求解计算成形过程介绍了B柱热冲压过程仿真及其建模方法。

2）成形过程的仿真考虑了热胀冷缩及相变体积应变在板料成形与淬火过程中对零件尺寸精度和开模温度的影响。采用显式计算在热成形过程中每一时刻零件的温度场、应力场对下一时刻的影响，最终实现对成形与淬火后零件的温度、厚度及精确预测。

3）开模变形过程的仿真考虑了开模温度历程下的应力释放及热胀冷缩与相变体积应变。采用独特的“显式温度计算+隐式回弹计算”迭代的方法，实现热冲压开模变形过程的模拟，较单纯考虑单一温度下的应力释放回弹更有实际意义。

本书所采用的仿真建模方法适用于基于热胀冷缩效应的热冲压零件开发、模具设计及生产阶段的预测，可以为B柱等典型热冲压零件的设计与生产提供参考和依据。

第 6 章　超高强度硼钢板的热冲压成形与开模变形

金属板料在高温下成形可以增加其塑性和延展性、降低其屈服强度和抗拉强度，进而提高板料的成形性能并改善回弹变形，但由于超高强度硼钢板成形后屈服强度较大、硬度较高，所以即使较小的成形精度误差也会对装配造成较大的困难。不同于传统的冷冲压变形，热冲压板料的变形除了受外力的作用以外，在很大程度上还会受到整个热成形过程中板料的温度变化历程的影响。在温度场和应力场的耦合作用下，板料会产生明显的受力变形及冷却和相变带来的体积变化[3]。所以需要分析在热冲压工艺过程中零件变形的原因，实现对零件形状和尺寸精度的控制。

本章对成形过程中的工艺参数对冲压零件及热成形工艺过程的影响进行介绍，并结合第 5 章所建立的 B 柱热冲压模型，分析热冲压 B 柱开模变形的原因及规律性，为超高强度热成形零件的尺寸控制奠定基础。

6.1　成形工艺参数对热冲压工艺的影响

板料的冲压成形是一个复杂的塑性变形过程，受到冲压零件的形状、冲压材料、冲压工艺参数等的综合影响。热冲压加工前首先要根据板料的厚度、成形件的尺寸及在高温状态时超高强度钢板的力学性能等参数，计算变形时所需要的冲压力，从而确定设备所需的吨位，然后进行冲压加工。超高强度硼钢板的热冲压成形工艺基本流程（图 6-1）是：裁板、落料→加热并保温→冲压成形→保压定形→去氧化皮→激光切边→防锈处理。

└──── 淬火 ────┘

热冲压工艺的重点就在于不仅要考虑与传统冷冲压过程近似的工艺参数选择，还需要在冲压成形过程结束之后安排适当时间的保压定形过程，使得板料的淬火处理与板料的变形及保压定形过程同时发生。因此，这项新工艺中增加了很多与淬火热处理工艺相关的工艺参数。认识这些工艺参数对热冲压工艺的影响，合理选择工艺参数，对超高强度热冲压硼钢板成形过程及零件性能的控制都是至关重要的。本节主要从热冲压零件表面的温度分布、应力分布及在成形过程中的减薄与回弹等方面研究工艺参数对热冲压工艺的影响。

冲压件在外部载荷下发生塑性变形，势必会导致零件厚度产生变化。在高温状态下板料硬化性能较常温更低，故在热冲压过程中，材料的减薄更加严重，也

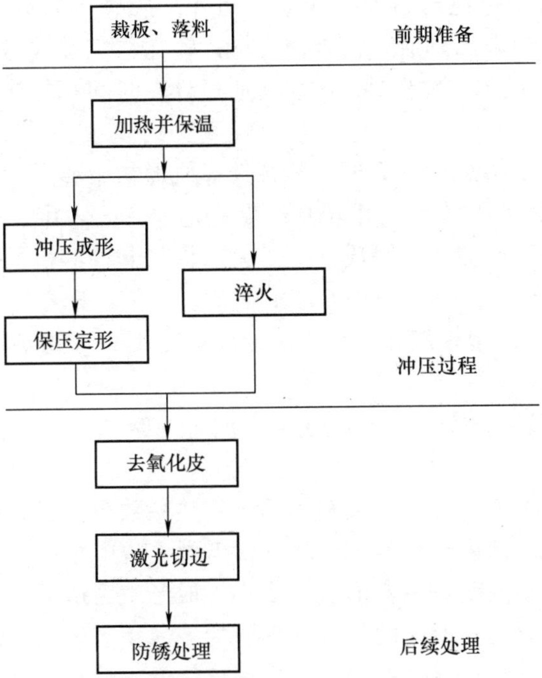

图 6-1　超高强度硼钢板的热冲压成形工艺基本流程

更容易产生拉裂缺陷。一般情况下采用板料的减薄率来评价，减薄率即成形前后板料厚度变化量与初始板料厚度的比值：

$$\eta = \frac{t_{\text{成形后}} - t_{\text{初始}}}{t_{\text{初始}}} \tag{6-1}$$

式中，η 为减薄率；$t_{\text{成形后}}$为成形后板料的厚度；$t_{\text{初始}}$为初始板料的厚度。在冲压过程中，成形后的厚度往往较原始板料低，所以在软件中显示的减薄率为一负值，其绝对值表示了减薄率的大小。绝对值越大，则表明该处厚度越小，减薄情况越严重。在工业上一般认为，板料厚度减薄程度只要符合钣金成形 $\eta<20\%$ 的要求，就不会给加工带来显著的不利影响。在后文中的减薄率均指其绝对值。

回弹是板料在冲压成形过程中的主要缺陷之一，主要是由于板料冲压成形结束阶段，当冲压载荷逐步被释放时，在成形过程中存储的弹性变形能被释放出来，引起内应力重组而改变零件外形尺寸。回弹严重影响了冲压成形零件的精度与质量。相较于冷冲压，热冲压成形技术可以有效地控制零部件的回弹问题。但是相应的，在成形温度较高时，板料减薄严重。因此，如何平衡超高强度钢回弹和减薄两者之间的关系是超高强度钢成形的关键所在。

6.1.1　板料成形初始温度对热冲压工艺的影响

成形时的温度对金属的塑性有重大影响。板料的加热温度既要考虑材料组织的均匀化，同时又要避免材料发生过烧、氧化、脱碳等缺陷。在实际加工过程中，板料从加热炉中取出到放入模具需要一段输送与定位的时间，板料的成形初始温度将低于加热炉设定的温度，还需要通过计算时间和传热状况来控制板料实际成形初始温度。

针对超高强度钢板热冲压成形工艺，选择成形初始温度的原则如下[72]。

1）选择在金属的再结晶温度以上，使其完全奥氏体化，通过热冲压工艺中的模具淬火效应获得所需要的马氏体组织，以提高制件的机械强度与硬度。

2）选择在金属的塑性水平较高的温度范围，以利于成形。

3）选择在金属开始有强烈氧化反应的温度之下，以避免由于金属氧化造成的缺陷。

4）选择在金属摩擦表面或润滑剂具有最小的摩擦系数的温度范围内，以减小摩擦阻力。

当模具的初始温度一定时，接触表面的传热系数也一样，因此，当板料的初始温度升高时，成形结束时板料能到达的最低温度也就相应升高。随着板料初始温度的升高，材料塑性变好，变形抗力变小，成形应力最大值是减小的。

同理，随着成形初始温度的上升，零件的减薄率表现出逐渐降低的趋势。这是由于随着温度的升高，材料的弹性模量逐渐降低，材料流动性增强，板料越容易减薄。

成形初始温度对零件回弹影响较大。随着冲压成形温度的提高，材料流动性提高，零件内外层主应变逐渐增大，板料的变形程度也越来越大。同时，材料的弹性模量和屈服强度随着温度升高而降低，在相同的冲压工艺下，成形结束后材料弹性变形在总变形中所占的比例减少，回弹减少。故成形初始温度越高，回弹量越小。

对于本书研究的超高强度硼钢板 22MnB5 的热冲压成形工艺，为降低板料的变形抗力，提高其成形性能，应该选用较高的成形初始温度。通过前期试验研究可知其奥氏体化温度在 1113～1173K 之间，在实际试验中可以选择预热温度在该区间来进行热冲压成形。同时，必须对高温板料的转移流程做出规范，严格控制板料在空气中的冷却时间，以提高生产率及产品合格率[73]。

6.1.2 冲压速度对热冲压工艺的影响

在热冲压成形过程中，冲压速度也是影响冲压过程和最终零件性能的重要因素。同时，高温条件下板料表面硬度不高，容易产生冲击线等成形缺陷。另外，由于高温板料的表面存在细小的氧化层颗粒，高速运动的模具引起的气流一旦将这些高温颗粒吹向操作人员，将带来安全隐患。

在相同的成形初始温度下，冲压速度越大，板料成形结束时所达到的最低温度值越高。这是由于当成形初始温度相同时，冲压速度的大小决定了冲压成形所需要的时间，而在一定的工艺条件下，板料的温度取决于成形所消耗的时间。冲压速度越大，板料冷却的时间越短，因此结束成形时的最低温度值越高。但是当冲压速度低于20mm/s时，由于板料在冲压过程中已经基本完全冷却，其温度偏低，已经不属于热冲压的研究范围。而且在此温度下，材料的组织转变已经完成，强度大幅度提高，塑性较差，已经不能满足钣金加工的要求。因此，超高强度硼钢板的热冲压成形工艺应尽量避免使用较低的冲压速度[20]。

同样，冲压速度越大，成形过程中板料塑性越好，对成形就越有利，所产生的应力最大值也就越小。

图6-2所示为冲压速度对B柱零件表面最大主应力的影响[20]。从中可以看出各温度下板料的成形应力最大值曲线在15～25mm/s之间比较陡峭，随后趋于平缓。这是由于在超高强度硼钢板的热冲压成形工艺中，板料在变形的同时存在淬火效应，金属组织也会发生转变，产生高强度的马氏体组织。根据前期材料热力学性能试验可知，USIBOR 1500超高强度硼钢板的马氏体开始转变温度约在693K左右。当冲压速度在25mm/s以下时，板料在冲压过程中温度已经低于马氏体开始转变温度，板料内发生组织转变产生高强度马氏体，直接导致了最大应力的陡然升高。而当冲压速度在25mm/s以上时，板料最低温度尚未降至马氏体开始转变温度就已经结束成形，故成形最大应力值未发生较大变化。

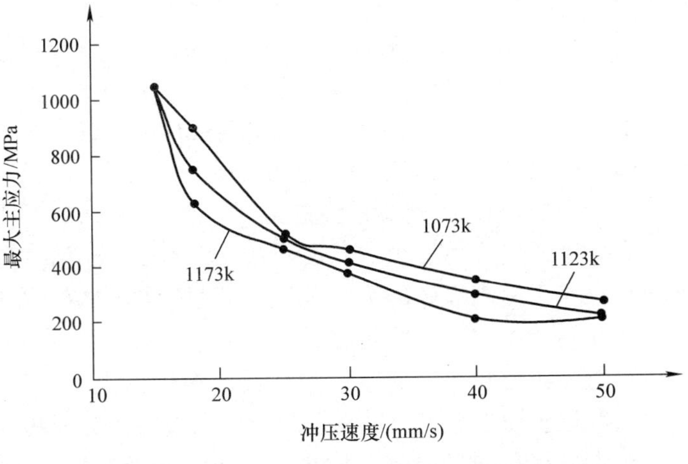

图6-2 冲压速度对B柱零件表面最大主应力的影响

随着冲压速度的增大，对于B柱零件，板料减薄率表现为先增大再减少再增大。当冲压速度较小时，零件各部分的温度很快就达到了马氏体转变温度，且均完成了马氏体转变，材料获得了强化，板料不容易变薄。当冲压速度上升时，零件只有局部发生马氏体转变，两处材料强度差异比较大，冲压过程中板料流动不均匀，未发生马氏体转变的材料流动较大，减薄率增大。当冲压速度继续增大，零件表面温度均在马氏体相变温度以上，各处材料强度差异小，板料流动均匀，所以板料减薄率减少。而当冲压速度较大时，板料局部变形不均匀，所以减薄率又随着冲压速度的增加而增大[14,20]。

随着冲压速度的增大，回弹先增大后减少。在速度较小时，零件局部发生马氏体转变，材料硬度提高，回弹较少。随着冲压速度增大，马氏体转变减少，回弹增加，但当速度增大到零件并没有发生马氏体相变时，此时随着冲压成形速度的增加，板料成形时温度上升，材料流动性增加。和初始成形温度原理类似，成形结束后材料塑形变形在总变形中所占的比例减少，冲压速度越高，回弹量越小。

6.1.3 板料厚度对热冲压工艺的影响

在冲压成形的过程中，参与变形的材料主要受到板料厚度的影响。在其他冲压参数不变的情况下，板料厚度增加，参与变形的材料增多，材料的流动性发生变化，从而对成形过程的回弹、减薄及成形之后板料的应力应变分布产生影响。

随着板料初始厚度的增大，零件的最大减薄率逐渐增大。这是由于超高强度硼钢板的弹性模量在高温下会降低，材料的流动性增强，塑性变形能力增强。随着板料初始厚度的增加，零件的回弹逐渐增大。在热冲压、保压、淬火过程中，同样的板料形状，板料越薄，整个过程中冷却速率相对越快，使得薄板的马氏体相变进行更加完全，从而相变膨胀和相变塑性导致内应力释放，板料回弹减小[78]。

虽然增加板料厚度可以起到减少回弹的目的，但是在冲压过程中，凸模圆角半径不变时，增加板厚会使工件的相对弯曲半径减小，从而增加变形程度，容易产生开裂问题。所以在实际生产中，建议通过提高成形温度的方式减少回弹。

6.1.4 保压条件对热冲压工艺的影响

超高强度钢热冲压成形和传统热冲压成形的最大区别在于，零件高温成形后需要进行保压淬火处理，使零件发生均匀的马氏体相变，从而提高零件的强度。研究发现，保压淬火对于提高零件的组织性能有着显著的作用。在保压过程中，保压压力和保压时间两个参数，是控制成形后零件回弹的关键。

保压时，板料所受压力越大，保压时间越长，冷却越快，即开模温度越低。对整个零件来说，保压压力越大，温度梯度越小，温度分布相对更加均匀。故凹模分块保压压力越大，保压时间越长，凹模分块处开模温度与直壁的温度差越小，零件的形状变化越小，也越有利于减少回弹。

同样，随着保压时间增长，板料回弹逐渐减少，回弹值最终趋于稳定。通过保压过程，开模时的温度都低于了 22MnB5 的马氏体相变结束温度，在模具内进行了完全的马氏体相变。模具中的板料组织由奥氏体转变为马氏体，相变过程中晶格的变化会产生相变膨胀应变和相变塑性应变。在模具中保压时间越长，相变塑性应变出现越多。随着马氏体相变的进行，相变导致了内应力的释放，从而模具内马氏体相变进行完全的板料回弹较小[79]。同时，保压时间的延长又导致生产周期增大、生产率降低，所以应对保压时间做出合理的选择。

6.2 热成形开模变形的原因及规律

在6.1介绍了热成形工艺参数对冲压过程及零件成形的影响。但对于如B柱的实际冲压零件，其结构复杂，为了控制零件不同部位的碰撞和力学性能，有时需要对不同的零件部位施以不同的冲压成形工艺参数，往往在零件的不同位置会表现出不同的影响规律。

研究发现，B柱零件的开模变形过程是由热胀冷缩及相变膨胀等原因耦合引起的，局部不同的工艺参数使得零件不同部位在成形过程中会经历不同的冷却历程，而在不同的冷却历程中板料内部所发生的热胀冷缩和相变膨胀都会有所差异，进而影响零件开模后内部应力场和温度场的分布情况，增加其分布的不均匀性与复杂性，之后再通过应力释放和冷却体积变化最终影响零件的形状和尺寸精度。

本节基于第5章建立的B柱的热冲压数值模拟模型，结合热胀冷缩、相变膨胀与残余应力释放研究开模变形的影响作用方式与规律，分析开模变形的主要形式，开模温度场和应力场对开模变形形式的影响。

6.2.1 热胀冷缩及相变膨胀对变形影响分析

成形后的零件尺寸受应力场与温度场的共同耦合作用，如图6-3所示。进行了应力场和温度场对零件尺寸影响的试验，试样形状如图6-4所示，试样尺寸100mm×10mm（高温段50mm，低温段50mm），材料22MnB5。高/低温交界中心点为最大变形区域，记录该点X方向位移，见表6-1。图6-5所示为成形过程中是否考虑马氏体相变对成形精度的影响。

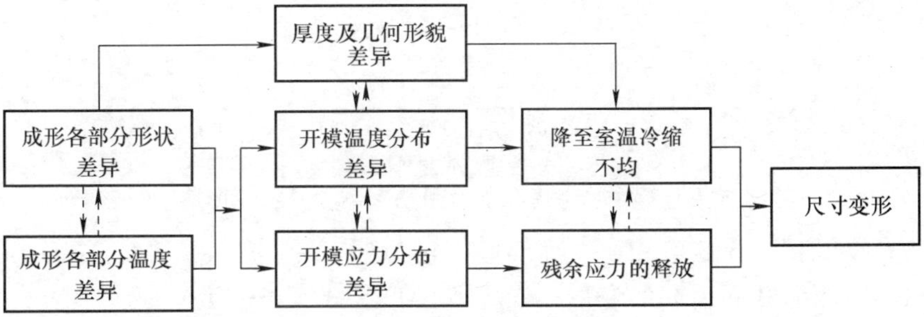

图6-3 成形过程变形原因分析

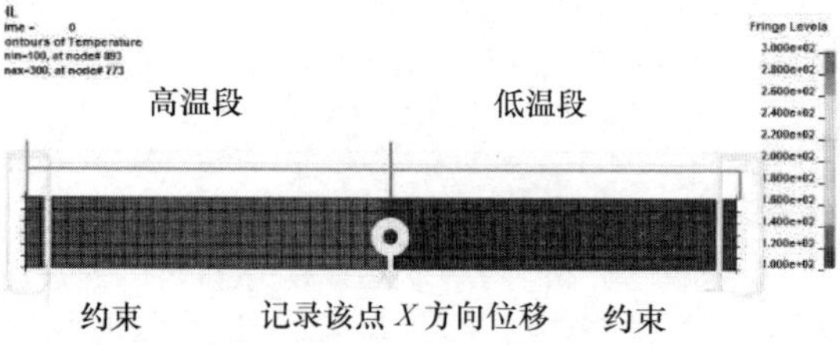

图 6-4　热胀冷缩及相变膨胀对成形零件变形影响的试样模型

表 6-1　冷却至室温参考点 X 方向位移　　（单位：mm）

温度段		高温段				
		773K	673K	573K	473K	373K
低温段	373K	−0.051	−0.011	−0.060	−0.032	0
	473K	−0.028	0.027	−0.029	0	
	573K	−0.005	0.061	0		
	673K	−0.053				
	773K					

注：在高温段（温度为 673～773K），由马氏体相变+热胀冷缩共同引起变形；在温度为 373～573K，由热胀冷缩引起变形。

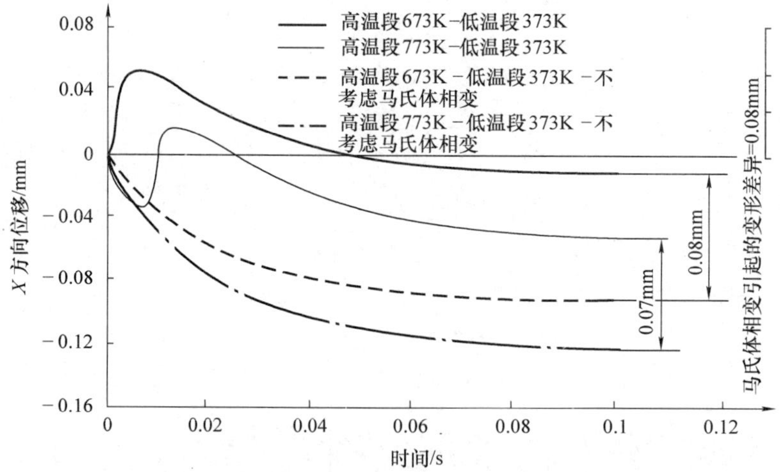

图 6-5　成形过程中当考虑和不考虑马氏体相变对成形精度的影响

从表 6-1 和图 6-5 可知，在高温段（温度为 673～773K）时，变形为马氏体相变和热胀冷缩共同引起的变形；而在（温度为 373～573K）时，变形为热胀冷缩引起的变形。材料的热胀冷缩性能引起零件在不均匀的温度场下发生变形，而马氏体相变引起的膨胀使该过程更加复杂。因此，在热成形过程中，如何控制零件的尺寸精度具有重要意义。

6.2.2 热冲压 B 柱开模变形的原因及规律

根据本书 5.2.5 所介绍的一种带有温度历程的开模变形仿真方法，建立 B 柱开模变形分析模型。其中选用的成形初始温度为 1073K，顶部和底部的凸模位置均为 60mm。开模后约束设置如图 6-6 所示。分析过程中选用了以下三种对比状态。

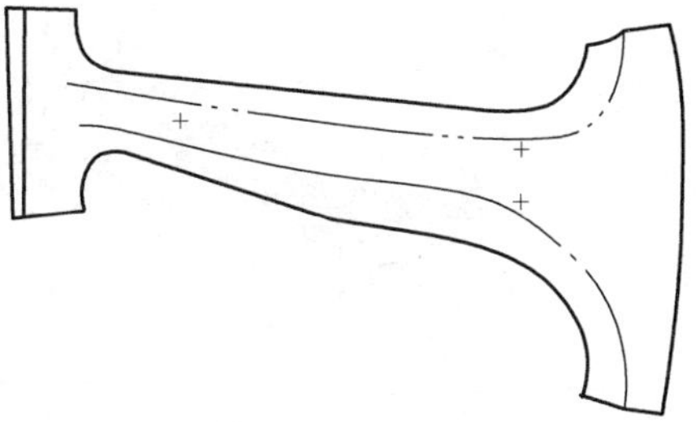

图 6-6 约束设置

1）实际开模状态 A。冲压残余应力的释放 + 开模后不均匀温度场降温变形（残余应力 σ + 开模不均匀温度场 T）。

2）虚拟开模状态 B。不加载冲压残余应力，加载成形后为不均匀温度场，观察不均匀温度场降温变形（只考虑开模不均匀温度场 T）。

3）虚拟开模状态 C。加载冲压残余应力，加载成形后为不均匀温度场，在绝热状态下（零件自身不传热，零件不与环境进行热交换），观察残余应力引起的变形（只考虑残余应力 σ）。

开模变形比较如图 6-7 ~ 图 6-10 所示。

根据观察，发现 B 柱的顶部、底部及中间剖面的变形明显，且有代表性。因此选择变形较为有特征的 A、B、C 三个截面进行分析，截面位置如图 6-11 所示。

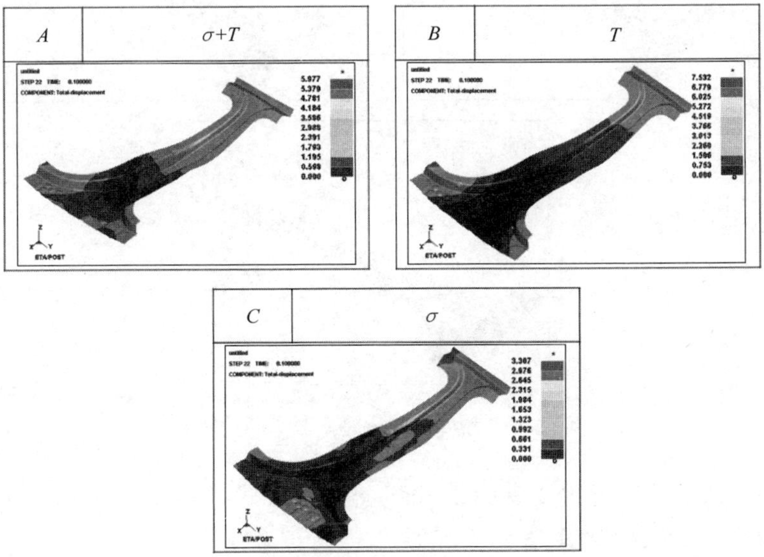

图 6-7 开模变形比较（总位移比较）

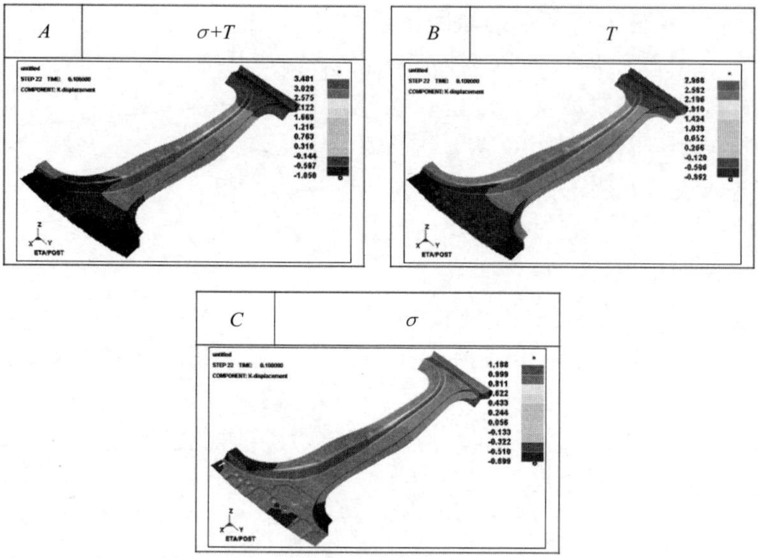

图 6-8　开模变形比较（X 方向比较）

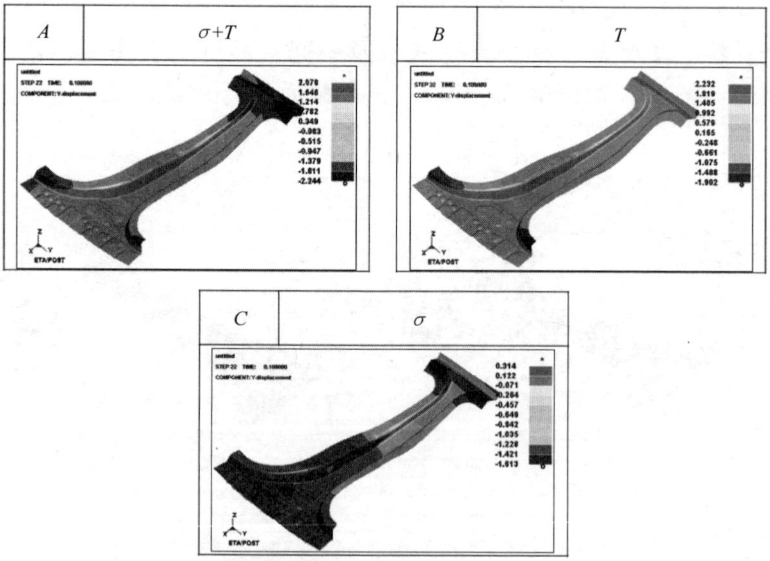

图 6-9　开模变形比较（Y 方向比较）

在 A 截面上的变形主要有收缩和弯曲两种形式。局部详细分析（A 截面比较）如图 6-12 所示。收缩主要表现为：

1）X 方向整体向刚性约束点收缩，且两侧（位置 1、6）较中段（位置 3、4）收缩更严重（仿真结果多收缩 0.4mm 左右，后述结果均为仿真结果）。

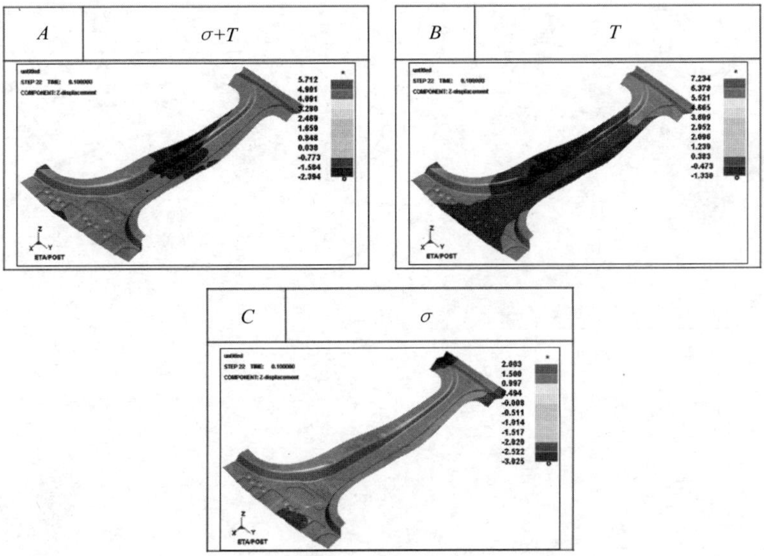

图 6-10　开模变形比较（Z 方向比较）

2）Y 方向两边向内部收缩（位置 1 内缩 1.5mm 左右，位置 6 内缩 0.7mm 左右）。

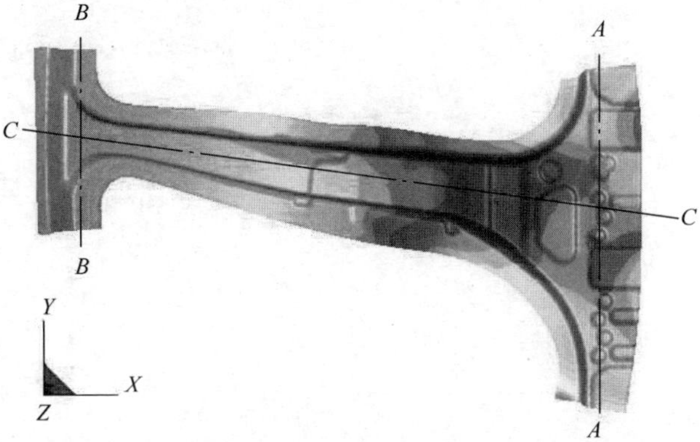

图 6-11　截面位置示意图

弯曲主要表现在 Z 方向，可以看出两边向 $+Z$ 方向上翘，形成沿 X 轴的弯曲（位置 1 上翘 4mm 左右，位置 6 上翘 4mm 左右，位置 3 上翘 0.5mm 左右）。

形成收缩和弯曲的主要原因都是因为板料开模后不均匀的温度降至室温引起的（由曲线规律可知，不均匀的温度降至室温所引起的变形对总变形的贡献最大）。收缩是由于降温引起的 B 柱 X、Y 方向尺寸的收缩。弯曲是由于 1、6 位置对应的上法兰处开模温度较高，收缩程度大；而 3、4 位置对应的凸模处温度较低，收缩程度小，总体形成了沿 X 轴的弯曲。

在 B 截面上的变形主要有收缩、弯曲和扭转三种形式。局部详细分析（B 截面比较）如图 6-13 所示。

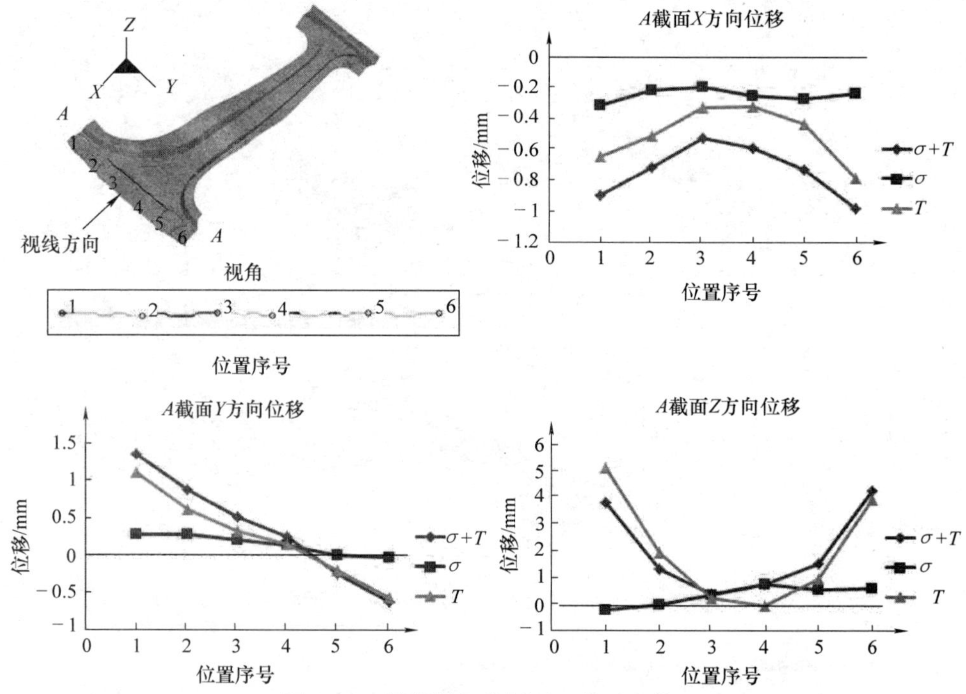

图 6-12　局部详细分析（A 截面比较）

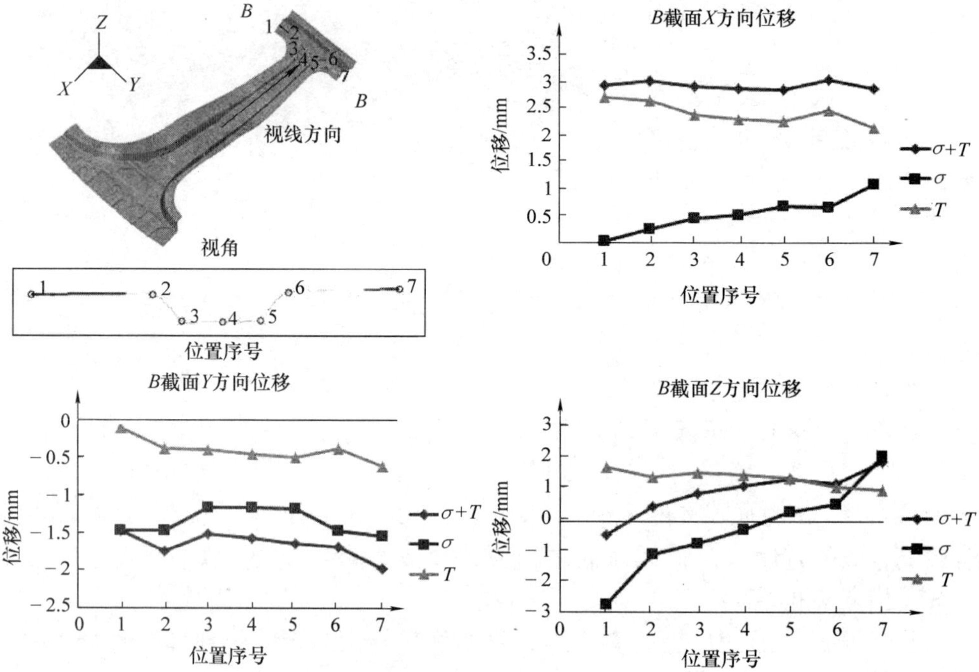

图 6-13　局部详细分析（B 截面比较）

收缩主要表现在：

1）X 方向整体向刚性约束点收缩（位置 1 ~7 收缩基本均匀），由于距离刚性约束点位置较远收缩量较大（收缩 3mm 左右）。

2）Y 方向对比两端也出现 Y 方向收缩。

弯曲主要表现在：Y 方向整体向 $-Y$ 方向变形，可见 B 柱出现绕 Z 轴的弯曲（1 ~7 向 $-Y$ 方向移动 1.7mm 左右），而参考 A 截面没有出现此类 Y 方向平移。

扭转主要表现在：Z 方向位移观察得出绕 X 轴的扭转（位置 1 向 $-Z$ 方向移动 0.7mm，位置 7 向 $+Z$ 方向移动 2mm 左右）。

形成收缩的主要原因是板料不均匀温度场引起的 B 柱 X、Y 方向尺寸的收缩（由曲线规律可知）。而绕 Z 轴的弯曲和绕 X 轴的扭转主要是由于冲压后开模时不均匀的残余释放引起的。

在 C 截面上的变形主要有收缩、弯曲和扭转三种形式。局部详细分析（C 截面比较）如图 6-14 所示。

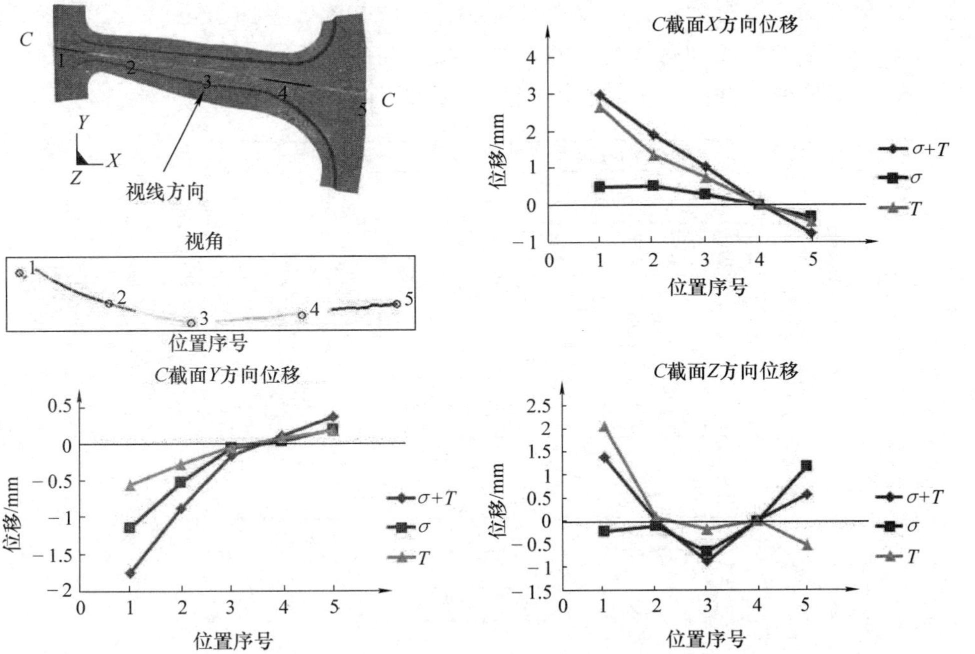

图 6-14　局部详细分析（C 截面比较）

收缩主要表现在：X 方向整体向刚性约束点收缩，其收缩量随与刚性约束点的距离而变化（位置 1 收缩 3mm 左右，位置 5 收缩 −0.7mm 左右）。

弯曲主要表现在：Z 方向整体沿 Y 轴弯曲变形，可见 B 柱出现绕 Z 轴的弯曲（位置1向 +Z 方向移动1.5mm左右，位置5向 +Z 方向移动0.5mm左右，而位置3向 −Z 方向移动0.8mm左右），该方向弯曲度“加重”。

扭转主要表现在：Y 方向出现了沿 +Z 方向的扭转变形，B柱顶部向 −Y 方向变形，底部向 +Y 方向变形，绕刚性约束点扭转（位置1向 −Y 方向移动 −1.7mm左右，位置5向 +Y 方向移动0.4mm左右），并且出现沿 Z 轴的微小弯曲变形。

形成收缩的主要原因为板料降温收缩引起的（由曲线规律可知）。绕 Y 轴的弯曲，是由不均匀温度场降温收缩量不同引起的，法兰温度较高，收缩量较大，形成弯矩。绕 Z 轴的扭转和沿 Z 轴的微小弯曲是由不均匀温度场和残余应力释放共同引起的（B柱不对称，长边一侧收缩量更大等原因）。

典型零件的开模变形主要由“不均匀开模温度 T 的降温”和“残余应力 σ 释放”引起的。在实际的热冲压及开模过程中，上述两种因素相互作用，共同耦合，并通过不同温度下的材料本构和热膨胀系数，表现出各式各样的变形行为。

在众多的变形行为中，主要有三种形式，即收缩、弯曲、扭转。三种变形行为在零件不同的截面均有体现，并随着分析方向的转变而分别成为主要的变形形式。影响零件变形的因素及其影响关系如图6-15所示。

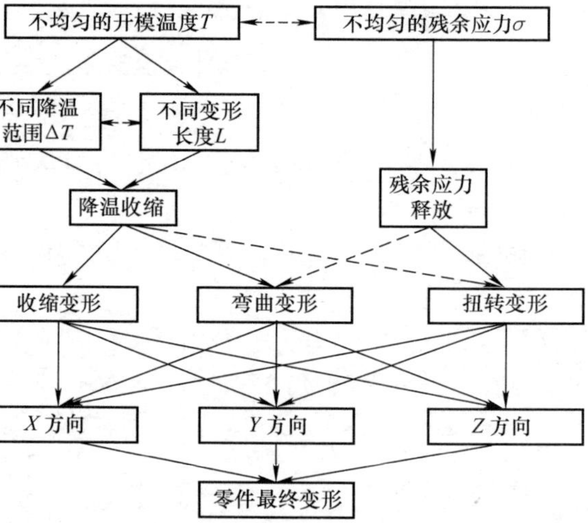

图6-15　影响零件变形的因素及其影响关系

收缩主要是由于开模温度 T 的降温引起，任意方向上的降温，都将导致该方向零件的端部向刚性约束点收缩的变形趋势与行为。

弯曲主要是由于在弯曲变形的两侧，开模温度 T 及变形长度 L 分布不对等，导致两侧收缩量不对等，引起弯曲的变形趋势与行为。但不同冲压过程的残余应力分布情况不同，对这种弯曲行为也有一定的影响，但总体影响没有温度影响显著。

扭转主要是由于冲压后的不均匀残余应力的释放引起。这种残余应力的分布随零件的几何形状、材料的流动、冲压过程的不同而不同。具体的表现形式也有不同。而不均匀的温度场 T 和变形长度 L 由于对扭转区域两侧贡献不同，也会对这种弯曲产生影响，但总体影响没有不均匀残余应力释放的影响显著。

6.3 本章小结

本章对成形过程中的成形初始温度、冲压速度、板料厚度、保压条件等工艺参数对热成形工艺过程及冲压零件的影响进行介绍，并结合第 5 章所建立的 B 柱热冲压模型，分析热冲压 B 柱开模变形的原因及规律性。

1）初始成形温度对热冲压工艺的影响。随着温度的升高，材料 22MnB5 的弹性模量逐渐降低，材料流动性增强，B 柱零件的减薄率会出现逐渐降低的趋势。材料的屈服强度随着温度升高而降低，在相同的冲压工艺之下，成形结束后材料弹性变形在总变形中所占的比例减少，回弹减少。

2）冲压速度对热冲压工艺的影响。B 柱零件的减薄率随着冲压速度增加先增大再减少再增大，回弹随着速度增大而减少。这些变化与冲压过程中的马氏体相变和材料流动性能变化密切相关。

3）板料厚度对热冲压工艺的影响。随着板料初始厚度的增大，零件表面成形温度增加，超高强度硼钢板的弹性模量降低，材料的流动性增强，塑性变形能力增强，减薄率逐渐增大。保压淬火过程中，同样的板料形状，板料越薄，整个过程中冷却速率相对越快，使得薄板的马氏体相变进行更加完全，从而相变膨胀和相变塑性导致内应力释放，板料回弹减小。

4）保压条件对热冲压工艺的影响。板料所受压力越大，保压时间越长，开模温度越低，温度梯度越小，回弹越小。

5）材料在热成形过程中的温度变化及产生的相应热胀冷缩、内部组织相变等使得零件在模具中承受不均匀的应力场和温度场，使得零件在开模过程中产生复杂的变形。

6）开模变形的主要形式为收缩、弯曲与扭转。收缩主要是由于开模温度 T 的降低引起，扭转主要是由于冲压后的不均匀残余应力的释放引起，弯曲受温度和残余应力综合影响，但温度的影响更为显著。

第 7 章　热冲压成形零件的尺寸控制

在热成形工艺中，成形温度达到 1173K 以上，材料的热胀冷缩、内部组织的相变及其带来的体积变化，以及与模具的接触所带来的冷却不均等对零件的尺寸精度产生影响，采取有效措施以提高零件的成形精度具有重大意义。本章以建立的 B 柱模型为例，给出了热胀冷缩、相变对零件尺寸的影响及其规律。

7.1　热冲压成形零件的尺寸控制技术

在不均匀应力场及温度场和不对称几何形状的耦合作用下，产生应力释放、热胀冷缩、相变膨胀，使得零件在开模过程中产生复杂的变形。本书以汽车 B 柱为例，分析研究了零件接触压力、模具温度分布及模具型面补偿对零件尺寸的影响。

7.1.1　零件接触压力的影响

硼钢板的接触压力与传热系数的关系如图 7-1 所示。提高接触压力可以显著增加传热系数。考虑到 B 柱开模后温度的不均匀很大程度上是由于法兰和侧壁处比凹模分块接触部分温度高造成的，可以通过改变这两个部分的接触压力来增加传热系数，达到降低温度的目的。试验方案见表 7-1。获得的开模温度及回弹变形分别如图 7-2 和图 7-3 所示。从中可以看出，改变接触压力后，法兰和侧壁处温度有一定程度上的降低；改变接触压力后，B 柱回弹变形形式相同，主要变形都集中在顶部的弯曲和底部侧边的翘曲。

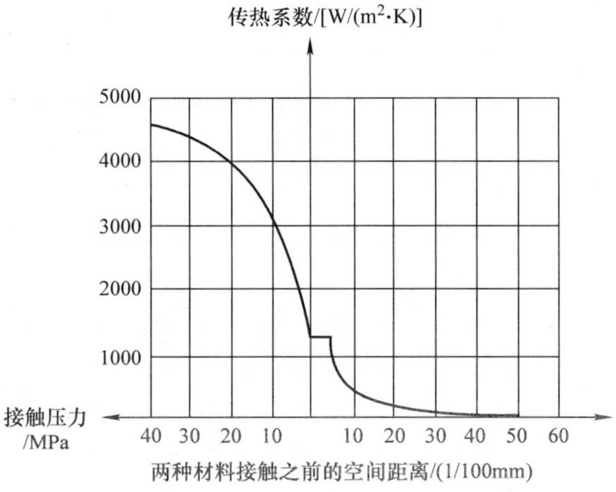

图 7-1　硼钢板的接触压力与传热系数的关系

表 7-1　试验方案

	方案 1	方案 2	方案 3
凹模压力/kN	1100	2200	6600
凸模压力/kN	900	900	900
保压时间/s	3.5	3.5	3.5
法兰和侧壁传热系数 /[W/(m^2 · K)]	1770	3000	4500

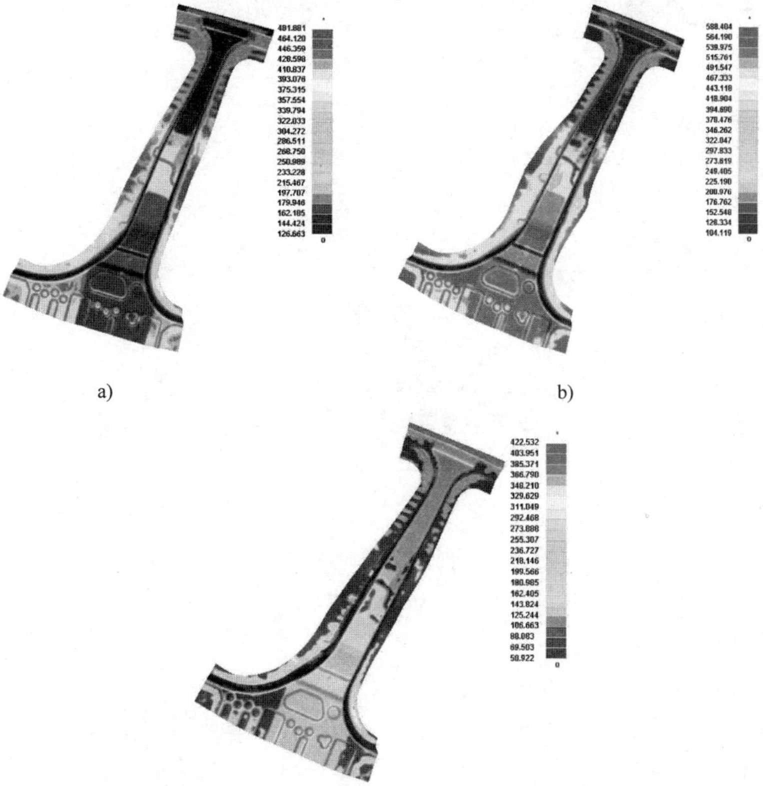

a)　b)　c)

图 7-2　开模温度

a）方案 1　b）方案 2　c）方案 3

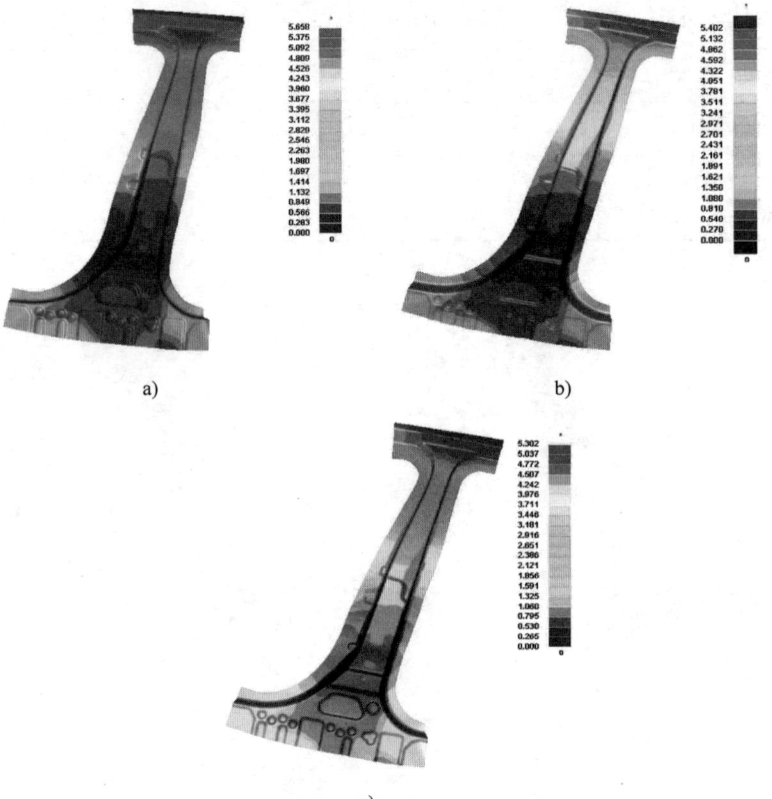

图 7-3　回弹变形
a）方案 1　b）方案 2　c）方案 3

对 B 柱的顶部和尾部各取如图 7-4所示的 4 个测量点，对比在不同传热系数下 B 柱开模回弹变形量的变化情况，结果如图 7-5 所示。从中可见一般情况下，随着传热系数的增加，B 柱顶部和底部的开模变形量均会有所减小。

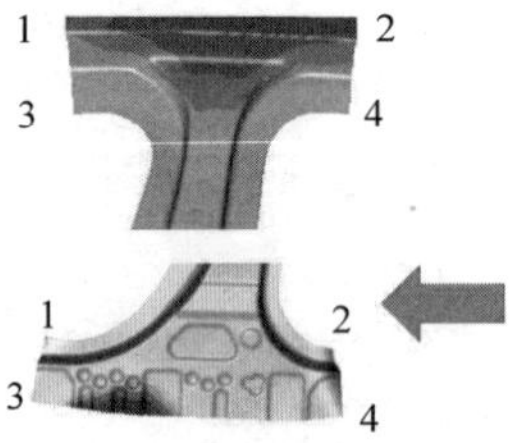

图 7-4　测量点位置

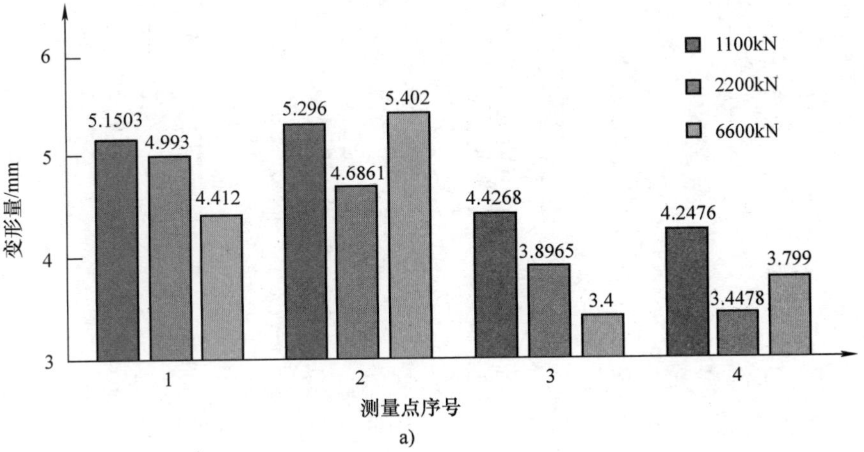

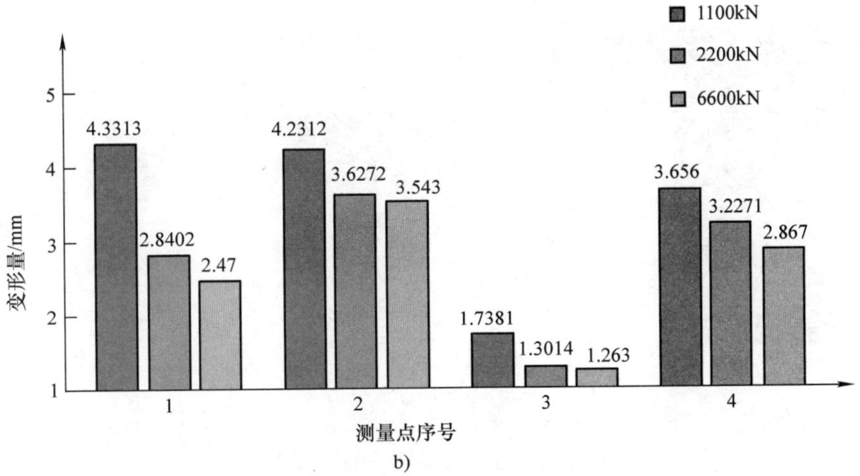

图 7-5　测量点变形量

a）顶部　b）尾部

7.1.2　模具温度分布的影响

考虑到零件顶部变形比较大，以顶部为对象，研究模具温度的影响。为了便于分析，在顶部取 9 个变形测量点，如图 7-6 所示。原始模型在 9 个变形测量点处的开模变形量如图 7-7 所示，变形范围为 2.36～4.06mm。

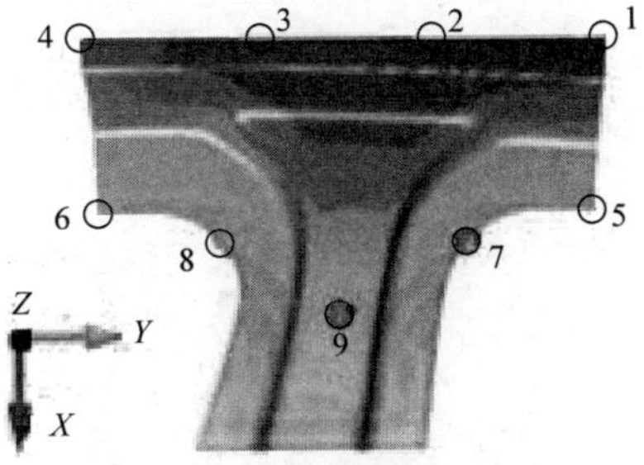

图 7-6　变形测量点选取

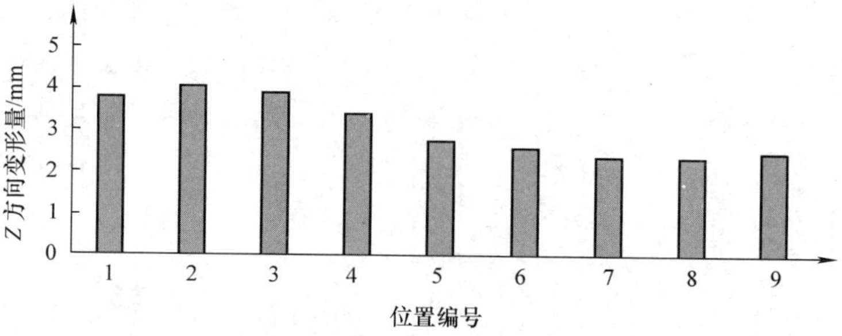

图 7-7　开模变形量

为了便于分析 B 柱顶部每一区域的温度对最终开模变形的影响，将 B 柱按照温度分布分为不同的 9 个区域，即零件中间底部、右侧弯角法兰、左侧弯角法兰、右侧直边法兰、左侧直边法兰、左侧弯角侧壁、右侧弯角侧壁、左侧直边侧壁、右侧直边侧壁，如图 7-8 和表 7-2 所示。

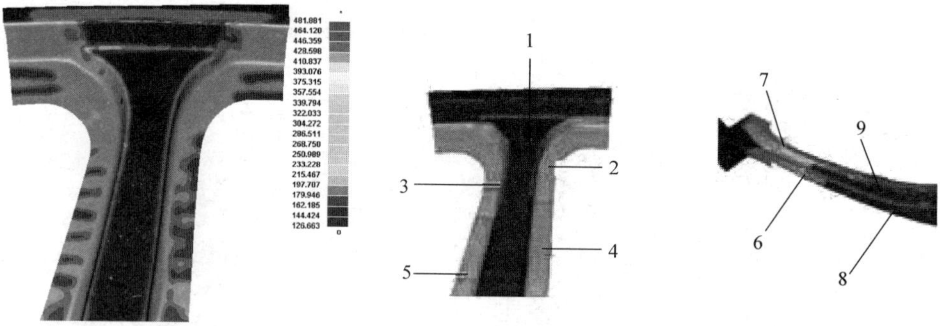

图 7-8　B 柱顶部开模温度分布及分区

表 7-2　分区编号及区域平均温度

分区编号	1	2	3	4	5	6	7	8	9
说明	零件中间底部	右侧弯角法兰	左侧弯角法兰	右侧直边法兰	左侧直边法兰	左侧弯角侧壁	右侧弯角侧壁	左侧直边侧壁	右侧直边侧壁
区域平均温度/K	413	573	573	473	473	573	573	473	473

7.1.2.1　统一温度分布对变形的影响

为了探讨各区域温度对最终变形的影响，先假设各区域温度均为 573K，以发现均匀温度条件下的开模变形特点，如图 7-9 所示。

结果发现，当顶部开模温度统一为 573K 时，开模变形大幅度减小，但是出

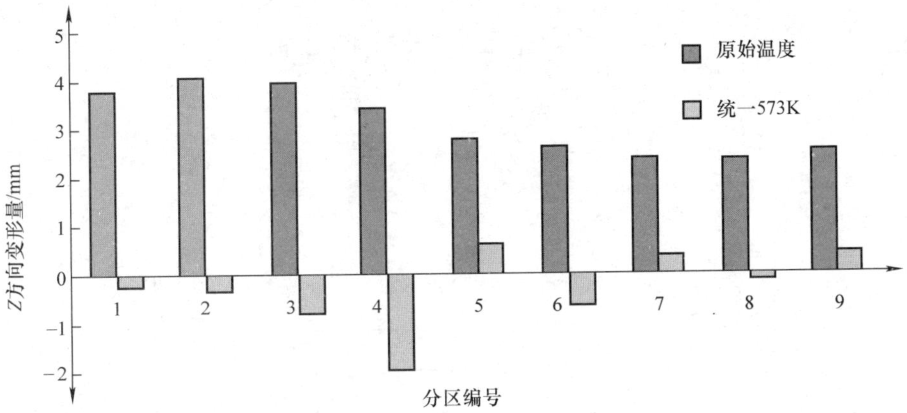

图 7-9　统一 573K 下的变形情况

现了如图 7-10 所示的扭转变形情况。在统一 573K 的基础上更改单一区域温度的大小，来探究每一区域温度的变化对最终变形的影响。

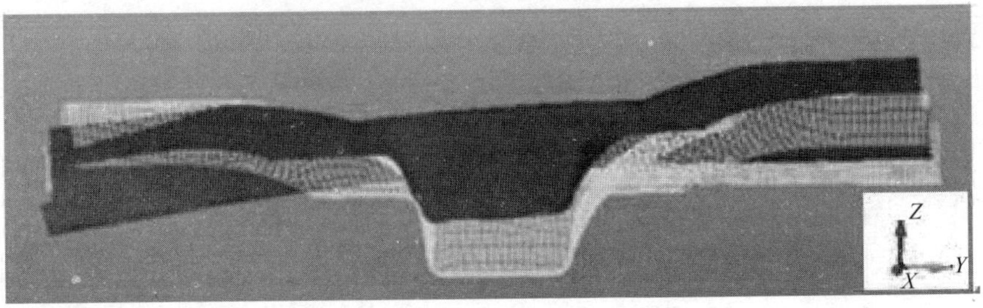

图 7-10　B 柱顶部扭转变形情况

7.1.2.2　区域 1 温度对变形的影响

在保证其他各区域温度不变的情况下，将区域 1 的温度从 573K 逐渐降低到 523K，得到顶部在 4 个测量点的弯曲变形和扭转变形如图 7-11 所示。

由图 7-11 可见，区域 1 与其他分区的温差造成 B 柱顶部的弯曲，且温差越大，顶部弯曲越大，但是区域 1 的温度变化对整体扭转影响不明显。

7.1.2.3　区域 2、4 温度对变形的影响

在保证其他区域温度不变的情况下，将区域 2、4 的温度从 573K 逐渐降低到 523K，得到 4 个测量点的弯曲变形和扭转变形如图 7-12 所示。

由图 7-12 可见，区域 2、4 处温度主要影响顶部扭转，且降低温度会引起扭转变形的减小；经过研究发现，区域 3、5 处的温度影响与区域 2、4 处刚好相反，即降低区域 3、5 处的温度会引起扭转变形的增加。

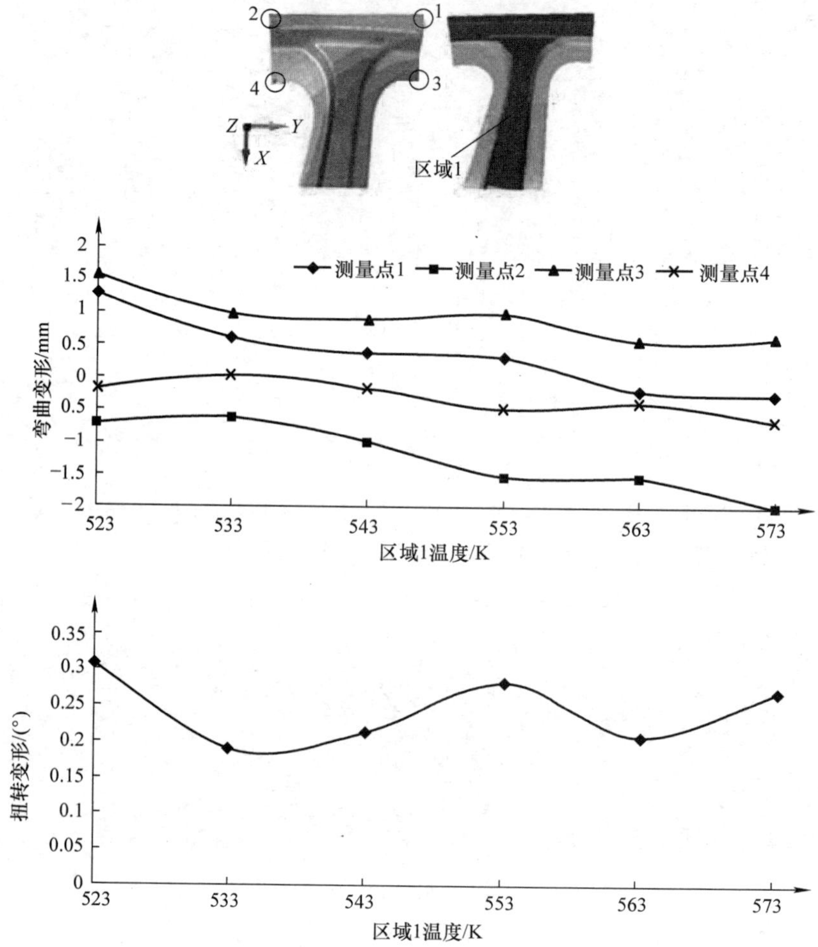

图 7-11　区域 1 处温度变化对变形的影响

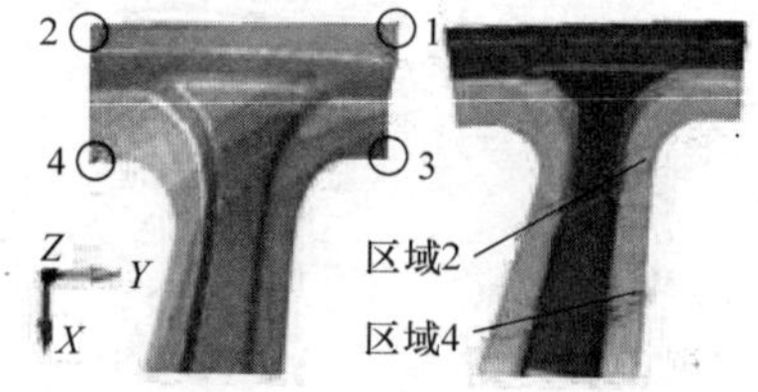

图 7-12　区域 2、4 处温度变化对变形的影响

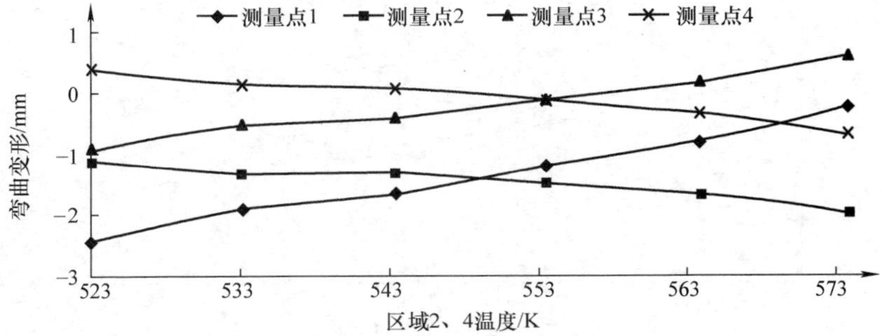

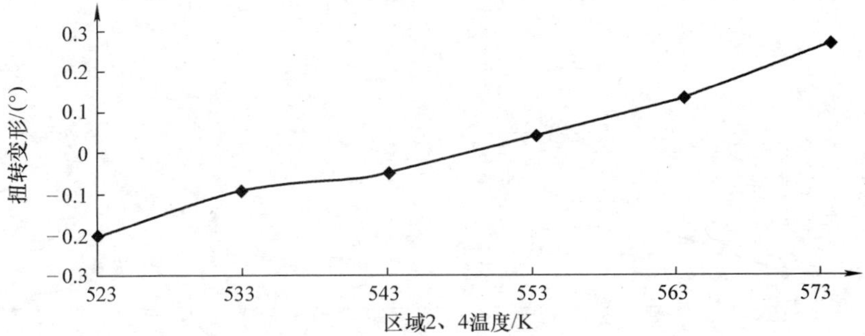

图 7-12　区域 2、4 处温度变化对变形的影响（续）

7.1.2.4　区域 6、8 温度对变形的影响

在保证其他区域温度不变的情况下，将区域 6、8 的温度从 573K 逐渐降低到 523K，得到 4 个测量点的弯曲变形及扭转变形如图 7-13 所示。

由图 7-13 可见，区域 6、8 处温度主要影响顶部扭转，且降低温度会引起扭转变形的减小；经过研究发现，区域 7、9 处的温度影响与区域 6、8 处刚好相反，即降低区域 7、9 处的温度会引起扭转变形的增加。

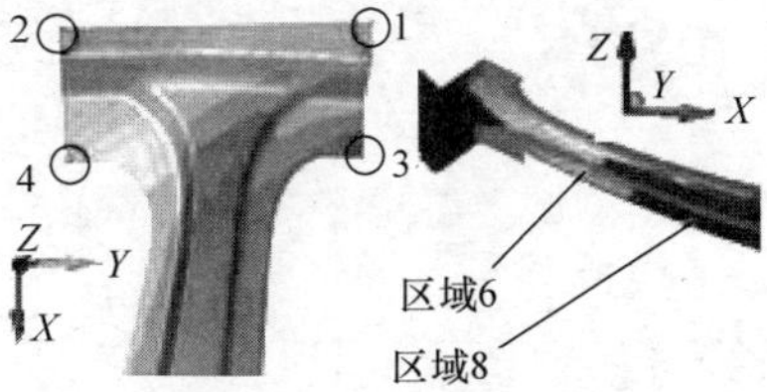

图 7-13　区域 6、8 处温度变化对变形的影响

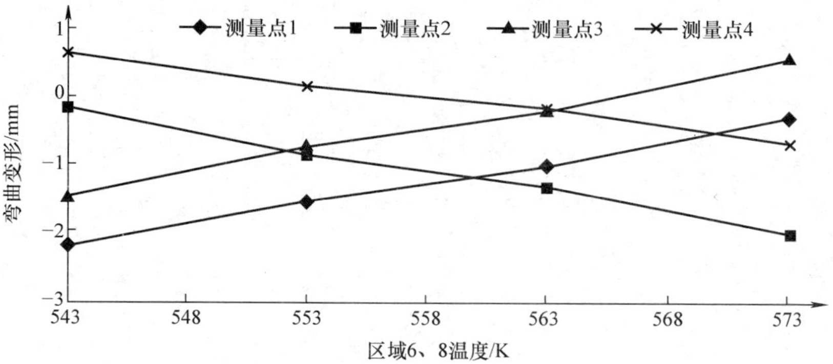

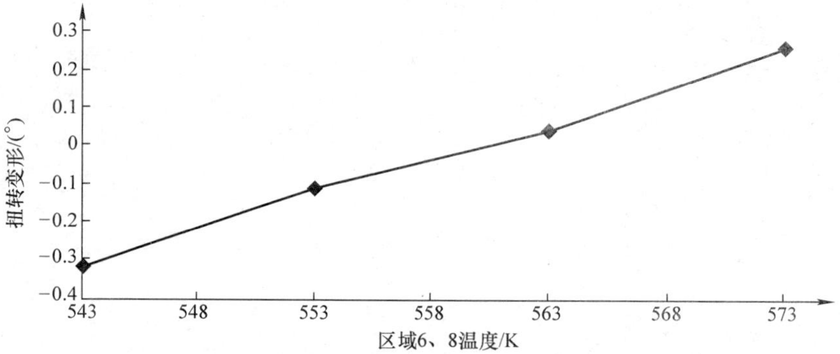

图 7-13　区域 6、8 处温度变化对变形的影响（续）

总结各区域温度变化对最终变形的影响规律见表 7-3。

表 7-3　各区域温度变化对最终变形的影响规律

分区位置 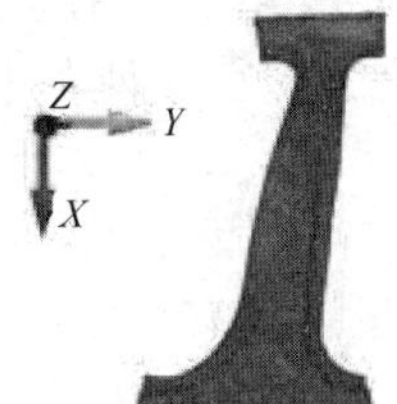	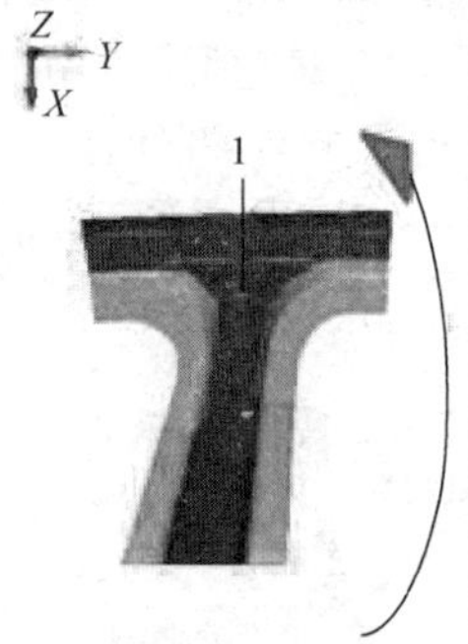	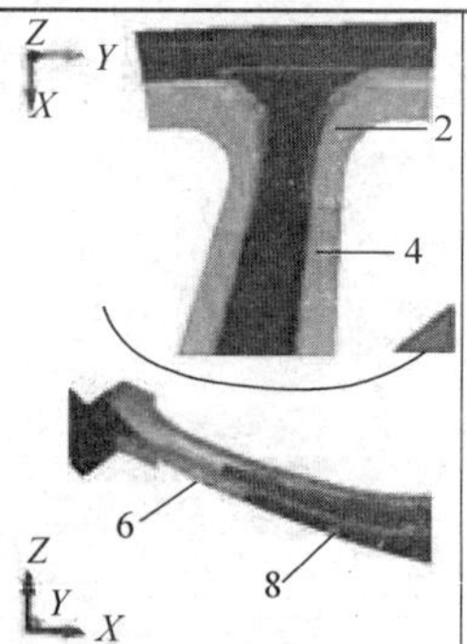	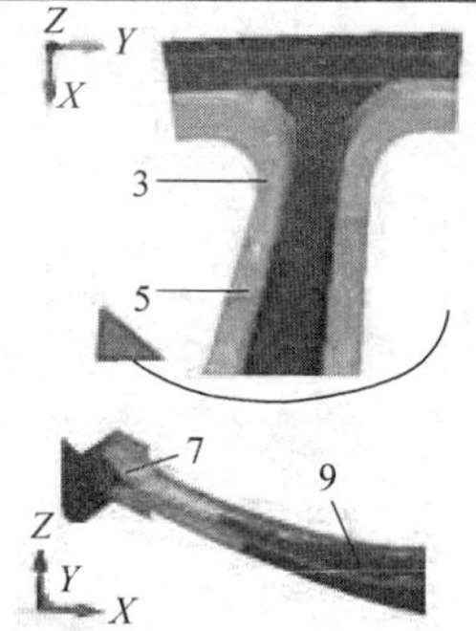
控制分区	1 底部	右法兰 2、4 左侧壁 6、8	左法兰 3、5 右侧壁 7、9
影响变形形式	区域 1 影响顶部弯曲	区域 2～9 影响顶部整体扭转情况	
影响规律	减小区域 1 与其他区域温差可减少弯曲	降低区域 2、4、6、8 温度可减小扭转	降低区域 3、5、7、9 温度可增大扭转
控制效果			

按照以上规律可以对B柱的回弹变形进行变温控制，不对模块1进行调整，调整其他模块降温速率达到模块2>模块3>模块6>模块7>模块4>模块5>模块8>模块9，获得的B柱最终开模变形量如图7-14所示。从图中可见，均衡处理各模块的温度分布可以有效地控制零件变形程度，提高尺寸精度。

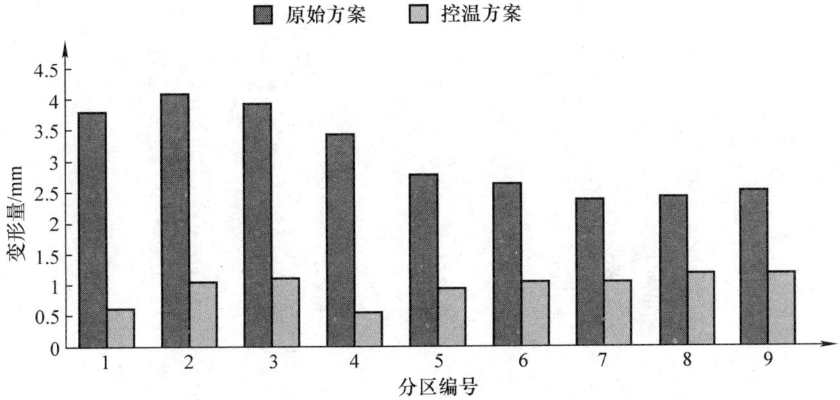

图7-14　B柱新老方案对开模变形量的影响

7.1.3　模具型面补偿的影响

模具型面补偿是另一种提高热冲压零件成形精度的方法，即在热冲压零件的成形阶段并不对零件的尺寸超差变形进行控制，而是让其自然发展，成形完成后，根据实际零件相对于理想零件的尺寸超差量，采用修模的方式进行模具形状尺寸的补偿，以便生产出尺寸精度合格的零件。

模具型面补偿分析流程图如图7-15所示。通过反复的模具型面补偿以获得良好的零件尺寸精度，如图7-16所示。

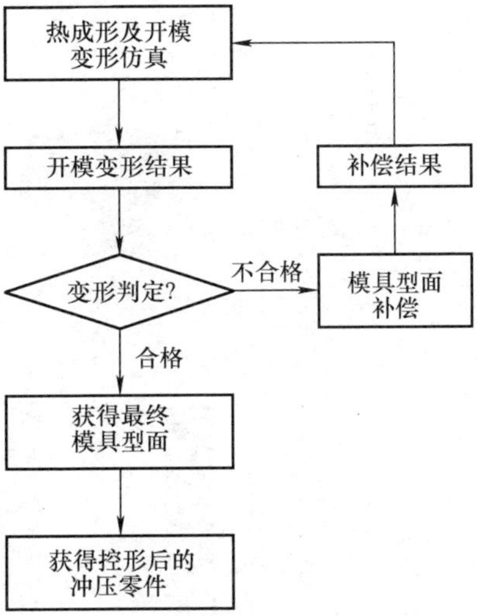

图7-15　模具型面补偿分析流程图

从图7-16可以看出，型面补偿后零件的尺寸精度获得了大幅提高。可以发现补偿后的尺寸偏差分布范围和尺寸偏差值均较补偿前减小，采用模具补偿后获得的零件更接近理想模型，尺寸精度更好，并且可以反复进行补偿计算最终获得理想的补偿模具型面来有效减小尺寸偏差。补偿前后测量点变形对比如图7-17所示。

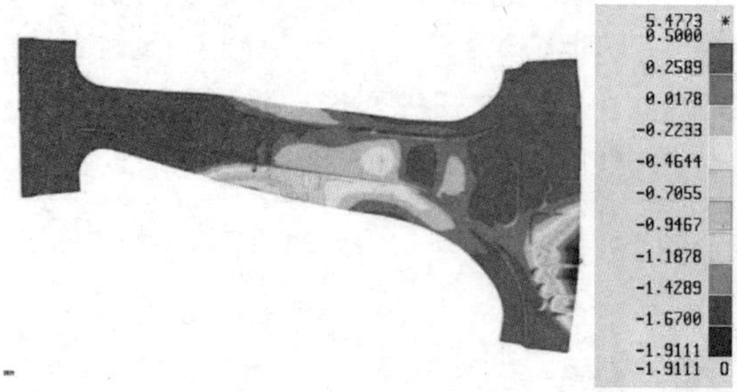

a)

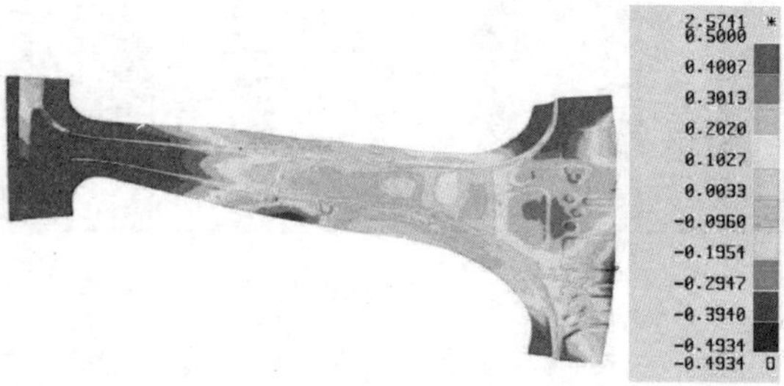

b)

图 7-16　模具型面补偿前后尺寸偏差

a）补偿前　b）补偿后

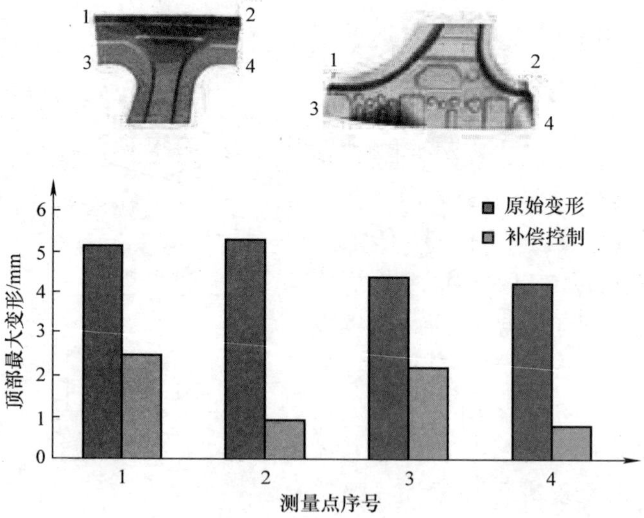

图 7-17　补偿前后测量点变形对比

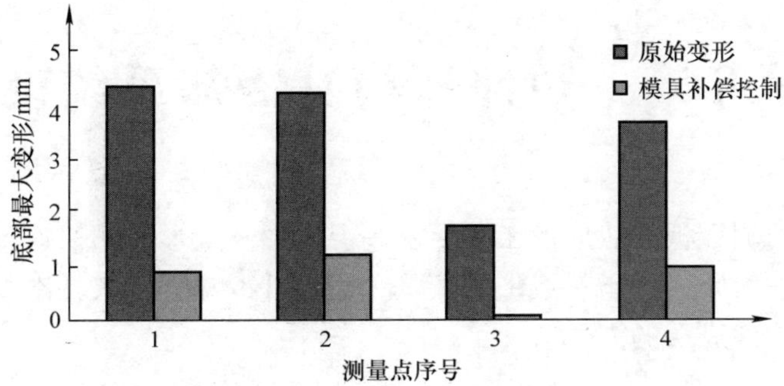

图 7-17　补偿前后测量点变形对比（续）

7.2　本章小结

本章以汽车典型零件 B 柱为例，对如何控制热冲压成形零件的尺寸进行了分析，并给出了相应的建议。

1）提高接触压力可以显著增加传热系数。考虑到 B 柱开模后温度的不均匀很大程度上是由于法兰和侧壁处比凸模接触部分温度高造成的，通过改变这两个部分的接触压力来增加传热系数，以达到降低温度的目的。

2）模具温度分布对尺寸精度有一定的影响，当模具温度统一时，会大大降低开模变形，但是会出现扭转变形情况，这可能是由于零件形状不对称而产生。若均衡处理各区域的温度分布可以有效地控制零件变形程度，提高尺寸精度。

3）采用模具型面补偿可以有效地提高零件的尺寸精度，并且可以反复进行补偿计算最终获得理想的补偿模具型面来有效减小尺寸偏差。

第 8 章　热冲压模具冷却系统设计

超高强度硼钢板的热成形工艺要求高温成形及成形后的快速降温以达到预期的性能要求。因此，对于热成形的模具，需设计冷却速度快且冷却均匀的冷却系统，以满足零件成形的需要。

8.1　热冲压模具简介

图 8-1 所示为汽车 B 柱零件的热冲压模具[72]（B 柱零件如图 5-1 所示）。该套模具在模具凹模型腔内嵌套了水冷却环节，可有效控制板料成形过程中温度的变化，达到成形工艺的要求。

超高强度钢板的热成形模具，在模具结构和功能要求上与传统的冷冲压模具有很大的区别。主要包括：

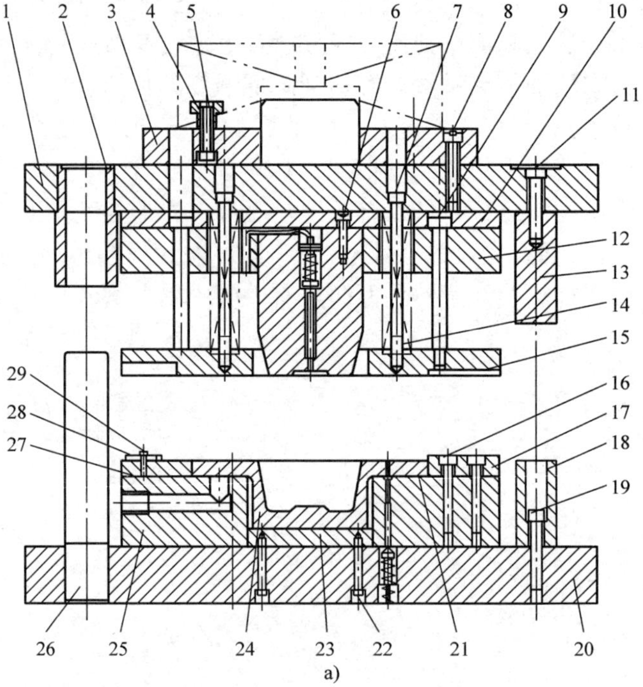

图 8-1　B 柱零件的热冲压模具

a）模具结构主视图

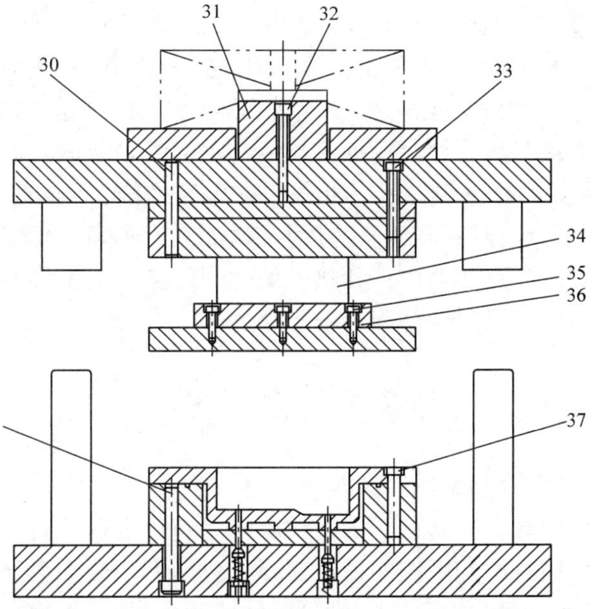

b)

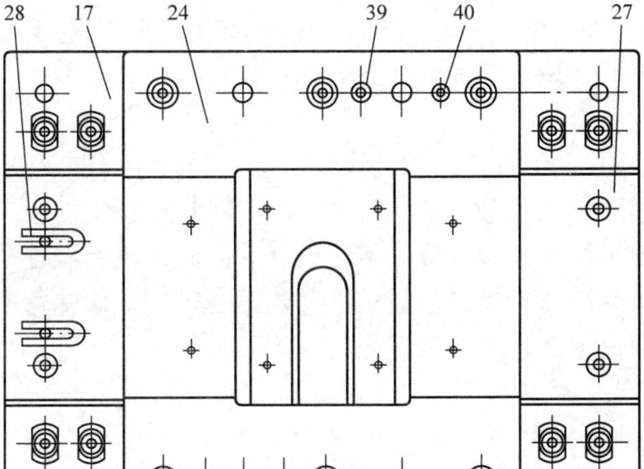

c)

图 8-1　B 柱零件的热冲压模具（续）

b）模具结构侧视图　c）凹模俯视图

1、20—上、下模架　2、26—导套、导柱　3—安装吊板　4—T 形块　7—弹簧心轴．9—卸料螺钉　10—凸模垫板　12—凸模安装板　13、18—上、下限位柱　14—弹簧　15—卸料板　17、28—横、纵向限位块　21—密封圈　23—凹模垫板　24—凹模　25—凹模座　27—垫板　5、6、8、11、16、19、22、29、32、33、35、37、38—内六角螺钉（双点画线为油压机工作台）　30—定位销钉　31—模柄　34—凸模　36—限位挡块　39，40—定位销钉

1）板料定位要求快速准确。高温板料在空气中的暴露时间不宜过长，以免板料温度下降过多，因此板料必须能够在模具中迅速定位。

2）模具材料必须具有良好的热力学性能。高温板料的热量部分将通过模具散失，这势必造成模具温度升高，尤其表面温度上升剧烈。在如此恶劣的工作环境下，模具硬度还必须足够高以抵御与板料发生的热摩擦。

3）模具必须具备一定的冷却功能，一方面在成形的同时完成淬火功能，获得均匀的板条状马氏体组织；另一方面，增加生产率和提高零件的尺寸精度。

因此，模具冷却系统的设计和热平衡问题是热冲压模具不同于常规模具的两大重要区别，本书主要对这两部分进行介绍。

8.2 热冲压模具冷却系统的设计方法

8.2.1 热冲压模具冷却系统设计要求

对于热冲压模具，冷却系统的设计应同时满足模具机械强度与传热效率两方面的要求，因此模具冷却系统的设计需要具备以下几个方面。

1）冷却速度。模具温度必须满足固体淬火条件，使高温钢板迅速冷却再结晶，生成高强度的马氏体组织。

2）模具型腔表面温度的均匀性。型腔表面温差导致钢板不同位置温差，会造成板料组织不均，出现低强度点，因此，模具型腔表面温差应控制在一定范围内，以保证零件质量。

3）传热效率。随着冲压次数的增加，模具温度会不断上升，与板料温差不断减小，无法达到淬火的效果。由于冷却速度降低且不稳定，会产生大量贝氏体，硬度难以满足要求，难以确保零件质量。因此，模具温度是决定产品质量的关键因素。每次热冲压后模具存储热量要被迅速带走，确保每次冲压前模具初始条件相同，以确保下次冲压件质量稳定。

4）强度要求。为满足模具力学性能，模具工作零部件在冲压过程中产生的应力应小于其许用应力。

8.2.2 热冲压模具冷却系统设计参数

为合理设计并优化冷却系统，将传热效果指标量化，以便正确衡量并比较[80]。

1）钢板与凹模接触面热流量 q。根据先期研究可知，热成形技术需要钢板以20K/s以上的速度从再结晶温度以上迅速冷却，而热流量是衡量钢板散热速度的可计算参数，比较不同设计下钢板与凹模接触面热流量，实现冷却系统的优化设计。

2）同一时刻钢板表面最大温差 T。钢板不同位置冷却条件不同，形成温差。温差过大会导致板料组织不均，出现低强度点。引入同一时刻钢板表面最大温差，找出热集中点，判定热集中程度，合理设计冷却系统的结构及参数。

3）模具冷却耗时 t。每次冲压前冷却条件一致，才能得到质量稳定的超高强度钢板，因此，冲压累计的模具热量必须及时散去。引入模具冷却耗时 t 用于衡量模具散热效果好坏，确保生产率，使热成形技术从试验室到工厂成为可能。

4）最小支撑体总横截面面积 $A_{总}$。为满足模具力学性能，支撑体在冲压过程中产生的应力应小于其许用应力，即支撑体总横截面面积存在最小值，设计时应确保各支撑体面积之和大于 $A_{总}$：

$$A_{总} < \frac{F}{[\sigma]} = \frac{F}{n\sigma} \tag{8-1}$$

式中，F 为对凹模的压力；$[\sigma]$ 为凹模材料的许用应力；n 为安全系数。

8.2.3 热冲压模具冷却系统设计及其优化

8.2.3.1 热冲压模具冷却系统设计

本书以图 8-2 所示的全封闭水冷系统模具为例，对其冷却系统的设计及其优化方法进行介绍。该模具冷却系统包括导水槽、水腔、支撑结构三部分。冷却水由凹模座一侧的进水口流入，经过导水槽，进入水腔，在支撑结构的扰动下流经水腔，完成与凹模的换热，再经导水槽流出出水口。导水槽用于冷却水的流入与流出，包括凹模座中水平水槽、竖直水槽及位于凹模座表面与凹模接触处水槽三个部分。由于冷却水速度由全程最小横截面面积决定，为了避免出现水速阻力瓶颈，接触处水槽的总横截面面积与水腔中最小横截面面积基本相同。

支撑结构在提供机械支撑的同时，增大传热面积，提供扰流条件，提高传热效率。采用组合式支撑结构，不仅可降低成本，而且可以根据需求更换。凹模与凹模座中空的楔形部分加设支撑肋，用于调节水流，将水流分散为三股，使其均布于水腔内；同时也加强了楔形部分被削弱的结构强度。凹模与凹模座中空平行部分设计支撑柱，用于引导水流走向，提供扰流条件，同时增大传热面积，提高冷却水与模具间的换热效率。支撑柱的设计也是结构强度的要求。

8.2.3.2 热冲压模具冷却系统优化

为了满足热冲压成形技术的冷却要求，冷却系统必须在满足强度要求的同时，达到最佳冷却效果。可通过理论及数值分析手段对其进行分析，以达到优化的目的。

（1）分析模型的建立　基于研究可行性与方便考虑，对研究对象做如下简化及假设：

1）以钢板中心面将钢板分为上下两部分，仅以下面一部分、模具凹模及冷却系统作为研究对象。

2）鉴于热力耦合模拟的复杂性及带来的冷却效果参数的不可变性，忽略冲压过程中的钢板变形。

3）以钢板和模具主要散热渠道为主，忽略其他热量损失，分析其热平衡状

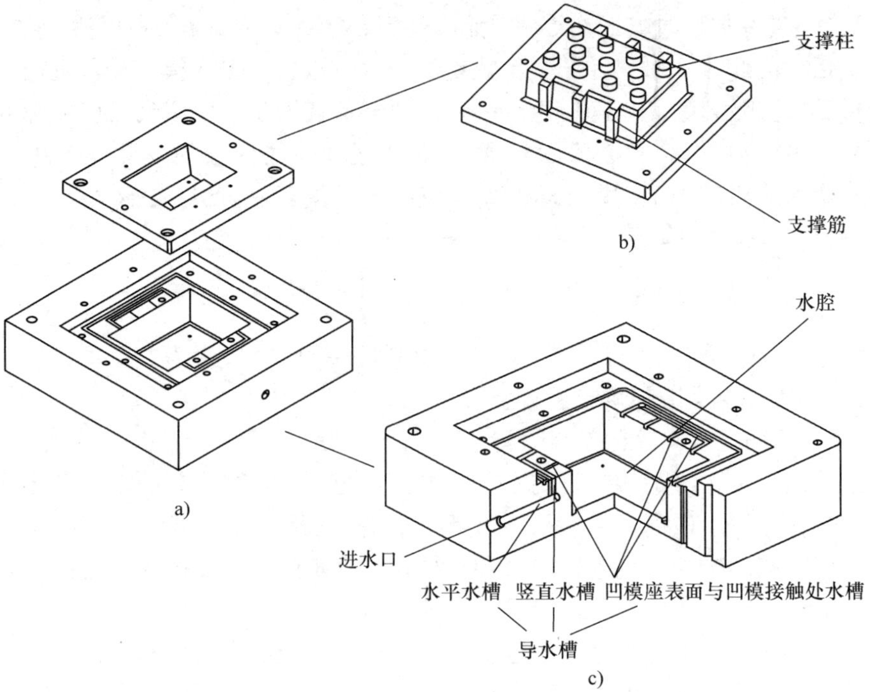

图 8-2　全封闭水冷系统模具

a）凹模与凹模座组装图　b）凹模底部仰视图　c）凹模座剖视图

况。忽略其他热量损失包括冷却水体与凹模座的对流换热、钢板从加热炉中取出到模具开始冲压时间段的热量损失、钢板及模具在冲压过程中以热辐射形式损失的热量等。

分析对象模型如图 8-3 所示。

（2）流场模型的基本方程　在该简化模型下分析其热平衡状况，主要包括钢板与凹模间的导热及凹模与冷却水之间的对流换热。假设 m 为钢板质量，Δt 为冲压前后钢板的温度变化，A 为换热面积，t_w 为固体表面的温度，t_f 为流体的温度。

根据传热学基本原理[81]，冲压前后热量变化 Q 为

$$Q = cm\Delta t \tag{8-2}$$

单位时间冷却水带走热量 q 为

$$q = hA(t_w - t_f) \tag{8-3}$$

式中，c 为材料比热容；h 为对流换热系数。

此为该简化模型中的两个基本传热方程。

计算层流流场即求解连续性方程、N－S 方程和能量方程，使用交错网格，采用 SIMPLE 等方法求解数值解。

（3）边界条件、初始条件及其他参数的选择　根据流体是否可压、建立特殊的可行的问题、精度的要求、计算机的能力、时间的限制等判断依据，选择标准 K－ε 模型[82]。标准 K－ε 模型为基于湍流动能和扩散率的半经验公式。K 方程为湍流动能方程，是个精确方程；ε 方程为由经验公式导出的扩散方程。K－ε 模型在工程中应用最为广泛，而且也经受了普遍的检验。

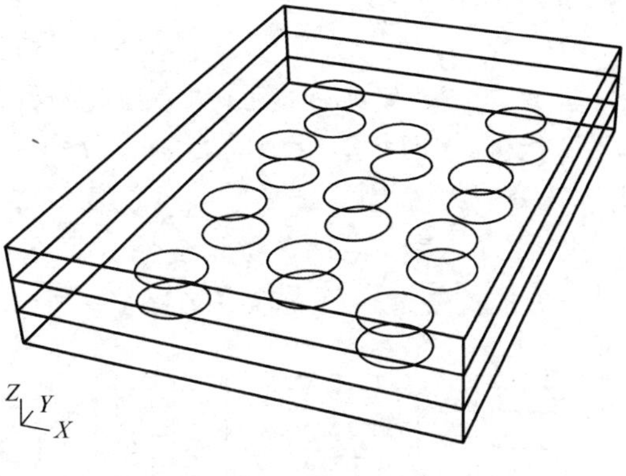

图 8-3　分析对象模型

对瞬态导热过程采用非稳态的计算方法。采用时间的一阶计算精度。

壁面边界条件需要输入下列信息，即壁面温度、流体入口处温度、流体及壁面导热参数，以及壁面阻力系数。材料热物理性质见表 8-1。

表 8-1　材料热物理性质

材　　料	水	模　　具
密度/(kg/m^3)	988	7800
比热容/(J/kg·K)	4174	470
导热系数/(W/m·K)	0.55	49.8
运动黏度/(m^2/s)	1006000	—

入口类型的选取依据实际的物理模型而定，常见的入口类型有速度入口、压力入口和质量入口。无论哪种类型都可以通过设置其坐标方向的分量来直接给出。本书以速度入口为主要边界条件，同时辅以压力入口边界条件，以减少回流现象，提高收敛速度。涉及传热的还需给出其温度值。同时入口的湍动能 k_{in} 和湍动能耗散率 ε_{in} 也需设置，计算依据下列公式[83]：

$$k_{in}=\frac{3}{2}(\bar{u}I)^2 \tag{8-4}$$

式中，$\bar{u}$ 为平均流速；I 为完全发展的核心紊流强度，$I=\frac{u'}{\bar{u}}\approx 0.16\,Re^{-1/8}$；雷诺数 $Re=\frac{\rho u d_e}{\mu}$，$u$ 为流速，ρ 为密度，μ 为黏性系数，d_e 为当量直径，$d_e=4\frac{A}{x}$，A

为入口截面面积，x 为入口截面的湿周。

$$\varepsilon_{in} = C_{\mu}^{3/4} k_{in}^{3/2} / l \tag{8-5}$$

式中，$C_{\mu} \approx 0.09$；k 为湍动能；l 为管内湍流充分发展段的湍流尺度，$l = 0.25 d_e$。

（4）支撑体形状对冷却的影响　分别采用图 8-4 所示的几种形状进行冷却分析，其分别为密集式肋条支撑（方案 a-1）、分散式肋条支撑（方案 a-2）、圆柱形支撑（方案 b-1）、菱形支撑（方案 b-2）、集中式复杂形状支撑（方案 c-1）、分散式复杂形状支撑（方案 c-2）。

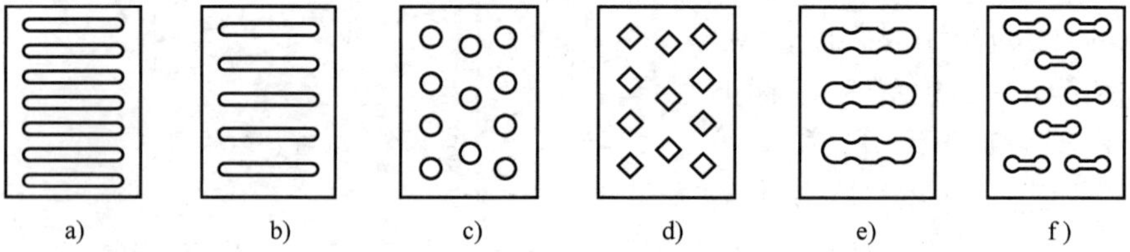

图 8-4　冷却系统示意图

a）方案 a-1　b）方案 a-2　c）方案 b-1　d）方案 b-2　e）方案 c-1　f）方案 c-2

根据式（8-2）可得钢板从 900℃ 降温到 400℃ 放出热量 $Q = 130708\text{J}$。整理试验数据，见表 8-2。其中 q_1 是单位时间上壁面换热量，q_2 是单位时间支撑体壁面换热量，q_z 是各方案冷却系统换热量，t 是换热时间。可以看出方案 b-1 换热效率最高。

表 8-2　六种方案单位时间换热量

方案	q_1/W	q_2/W	q_z/W	t/s
a-1	1762	1041	2803	168
a-2	1541	1083	2624	179
b-1	7142	2661	9803	48
b-2	5073	1950	7023	67
c-1	2452	983	3435	137
c-2	2873	1016	3889	121

为了研究不同支撑体对流场的作用及流场各点处换热状态，在不同位置定义断面，用以观察各支撑体头部、两端及尾部流场的变化，其中速度场和湍动能场用面积加权方法积分，温度场用质量加权方法积分。图 8-5 所示为方案 a 垂直方向中心面温度场分布图。

由图 8-5 可知，在直板式冷却系统中，支撑体排列越密，水流最小横截面面积越小，水速越高，即

$$v = V / S_{水} \tag{8-6}$$

$$S_{水} = S_{总} - S_{支撑} = h(L - ns) \tag{8-7}$$

式中，V 为单位时间内流入的冷却水体积；h 为冷却水体高度；L 为水体宽度；n 为直板个数；s 为直板宽度。

提高水速可增大冷却水雷诺数 Re，同时直板个数增加，加大了换热面积，换热效率提高。因此，方案 a－1 的换热效果比方案 a－2 好。

图 8-6 所示为方案 b 垂直方向中心面温度场分布图。

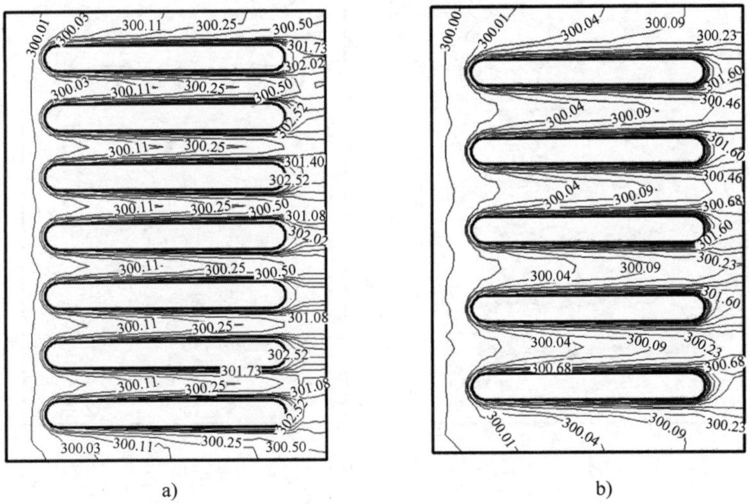

图 8-5　方案 a 垂直方向中心面温度场分布图

a）方案 a－1　b）方案 a－2

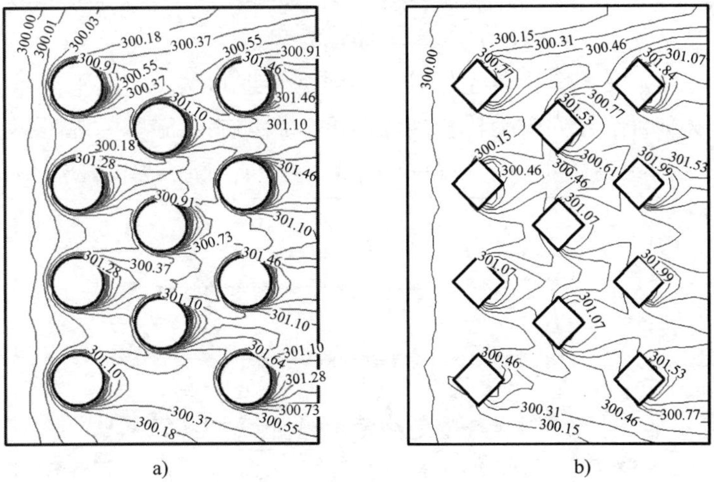

图 8-6　方案 b 垂直方向中心面温度场分布图

a）方案 b－1　b）方案 b－2

由图 8-6 可知，在相同支撑面积的条件下，圆柱形支撑体比菱形支撑体换热面较少，但是尾部形成小块热集中区域；菱形面积大且因头部水流较为稳定，雷诺数 *Re* 较小，但在两端绕流脱体引起的回流、漩涡和涡束支撑体头处绕流脱体引起的回流、漩涡和涡束严重。综合考虑，圆柱形支撑体换热量为 9803W，而菱形支撑体换热量为 7023W，因此方案 b－1 比方案 b－2 换热效果好。

图 8-7 所示为方案 c 垂直方向中心面温度场分布图。

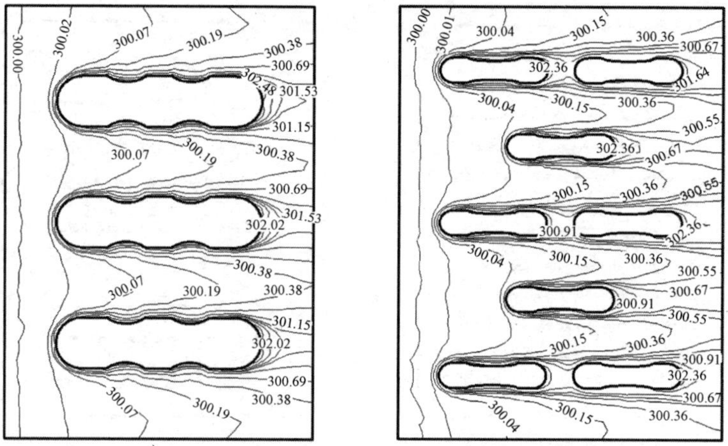

a)　　　　　　b)

图 8-7　方案 c 垂直方向中心面温度场分布图

a）方案 c－1　b）方案 c－2

由图 8-7 可知，方案 c－2 支撑体分布较为分散，两者扰流条件相当，但是方案 c－1 在两个水平方向支撑体之间，由于间距较小，容易造成热集中现象。综合比较，因此方案 c－2 比方案 c－1 换热效果好。

为了将六种方案综合比较，将其结果数据整理归纳。定义七个垂直于水流方向的断面，以断面位置为横坐标，断面速度、湍动能及温度为纵坐标，画出六种方案的速度标量图，湍动能图及温度图，如图 8-8～图 8-10 所示。

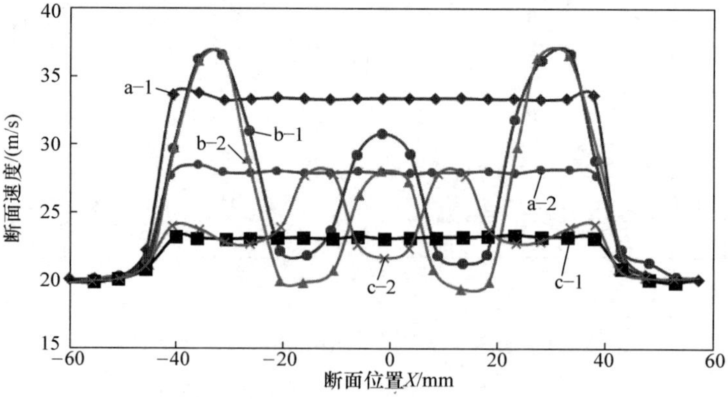

图 8-8　六种方案的速度标量图

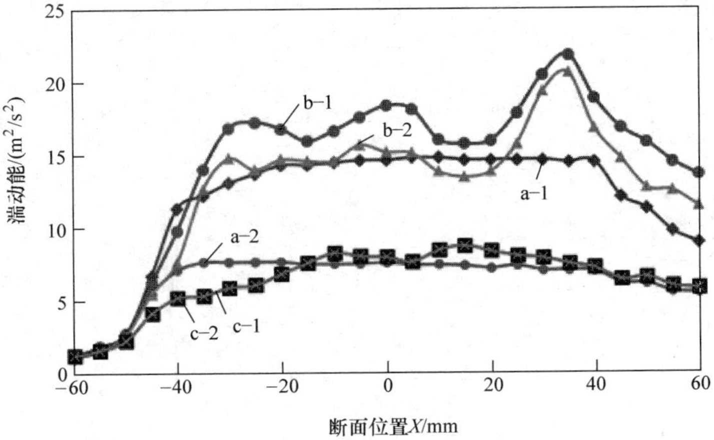

图 8-9　六种方案的湍动能图

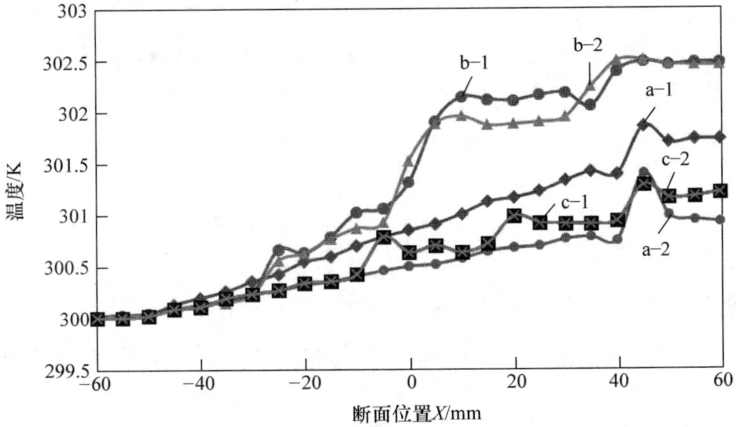

图 8-10　六种方案的温度图

直板式冷却系统中，扰流件少，冷却水雷诺数 *Re* 低，换热效果差，同时在支撑体中心部分出现热集中现象；复杂形状的分散式支撑的设计初衷是增加表面粗糙度，从而增加扰动，提高换热效率。经过数值模拟，发现在凹槽处出现漩涡与回流，此处与外界换热不再是对流换热，变为单纯导热，降低了平均表面换热效率。同时根据本书分析，得出凸表面比凹表面换热好的结论[60]。简单形状的分散式支撑，支撑体分散布置，热集中点较少，且热集中点与冷却水流经的点温差较小；布置方式及凸面的支撑体形状可以增大水流扰动，同时避免不必要的回流和漩涡，增加了换热效率。因此选择形状简单的分散式支撑。

（5）凹模厚度的影响　为了研究不同的凹模厚度对散热的影响，选取10mm、15mm、20mm 及极限厚度 1000mm（作为没有冷却系统的模拟），研究钢板温度随时间变化情况，如图 8-11 所示。

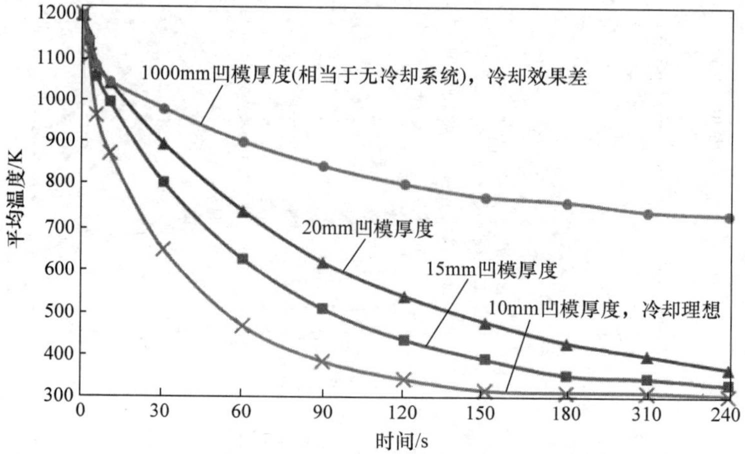

图 8-11　不同凹模厚度时钢板平均温度随时间变化

其中，凹模厚度为 10mm、15mm、20mm 时，钢板平均温度随时间变化规律根据最小二乘法原理拟合，分别见式（8-8）~式（8-10）。

$$T = 820.64\exp(-t/34.11) + 311.81 \tag{8-8}$$

$$T = 827.17\exp(-t/57.08) + 323.11 \tag{8-9}$$

$$T = 827.46\exp(-t/82.82) + 331.60 \tag{8-10}$$

式中，T 为温度；t 为时间。

分析可知，0mm 厚度凹模相当于直接淬火，冷却效果不言而喻；随着模具厚度的增加，冷却速度降低，特别是冷却加速度减小，即曲线的陡度减小。此时要求更长的保压时间及模具散热时间。对于生产率的提高不利。因此，在模具设计中，在保证凹模机械强度的前提下，尽量减小凹模厚度。

（6）水流速度的影响　水流速度是影响冷却速度的重要参数之一，模具通过与冷却水的对流换热，保持自身温度在一定范围，以确保钢板迅速冷却。同时，冷却水速度直接影响着模具在一次冲压之后恢复冲压前温度场状态的时间。

以圆柱支撑式冷却系统为例，取支撑柱直径为 10mm，选择水流速度分别为 0.01m/s、0.1m/s、1m/s、10m/s、20m/s、30m/s，模拟结果如图 8-12 所示。

因此，水流速度越高，冷却效果越好。值得注意的是：水流速度过高后，水流速度对钢板冷却时间影响不大（10m/s、20m/s、30m/s 水流速度相比，钢板温度随时间变化情况基本相同）；水流速度过低（0.01m/s）却无法达到要求的冷却速度。

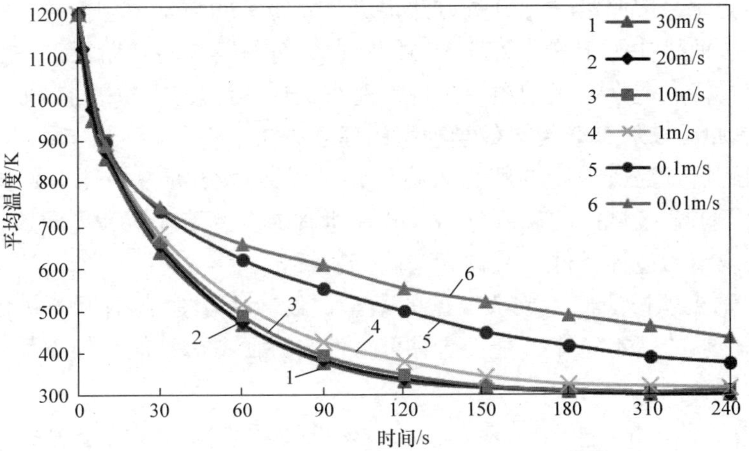

图 8-12　不同水流速度对冷却效果的影响

8.3　热冲压模具热平衡设计

热冲压模具热平衡对研究热冲压工艺中热量的流向、比例及影响各部分热量分配至关重要。研究热冲压成形的热平衡过程，有助于进一步了解钢板的冷却过程及模具各参数对钢板冷却的影响规律。

8.3.1　热冲压模具热平衡分析

通过对热冲压工艺过程的分析可知，按照热量的流向，热冲压成形中的热量可以分为三部分，即钢板初始热量、钢板与空气之间的对流换热量及热辐射传递的热量、钢板与模具之间的接触导热，其热平衡方程式为[84]

$$Q = Q_{钢板} + Q_{空气} + Q_{模具} = 0 \tag{8-11}$$

式中，Q 为热冲压工艺中的总的热流量；$Q_{钢板}$ 为钢板带入的热量；$Q_{空气}$ 为空气带走的热量；$Q_{模具}$ 为模具带走的热量；带入的热量为正，带走的热量为负。

按照工艺进行的顺序，热冲压成形过程中的热量流动可分为以下几个阶段：

第一阶段：钢板从加热炉中取出到放置在模具上，该段时间钢板主要与空气产生对流换热及热辐射。

第二阶段：冲压开始，钢板一面与凸模进行导热，一面与空气进行对流换热及热辐射。

第三阶段：冲压完成后在模具内的保压，该阶段钢板与模具进行导热。

总体热平衡方程可以采用式（8-12）描述：

$$Q = Q_{第一阶段} + Q_{第二阶段} + Q_{第三阶段} = 0 \tag{8-12}$$

由于热冲压工艺中热平衡是一个动态的过程[85]，钢板、模具、空气的温度都随时间变化，按照第一种分类方法很难建立统一的数学模型描述，故按照第二种分类方法把热冲压工艺分为三个时间阶段，分解建立每个阶段的数学模型，并依照各阶段特点选择恰当的边界条件，完整描述热冲压工艺中的热平衡过程。

8.3.2 热冲压成形工艺传热数学模型的建立方法

运用解析方法所得到的解为分析解，是以数学分析为基础求解导热定解问题，代表了求解区域内的温度分布，并在所有内点上精确地满足导热方程，在边界上满足规定的边界条件，又称为精确分析解。

（1）钢板解析法传热数学模型的基本假设　由于建立钢板的解析法模型涉及非稳态传热的基本定律，基于研究可行性与方便考虑，简化模型，并做一定基本假设。

1）鉴于热力耦合模拟的复杂性及带来的冷却效果参数的不可变性，忽略冲压过程中的钢板变形。

2）将模型简化为空气、钢板、模具组成的封闭模型，与外界没有热交换。

3）钢板传热的各向同性。

4）由于钢板厚度相比钢板长宽相差两个数量级以上，将钢板简化为一维大平壁传热模型。

（2）钢板解析法传热数学模型的基本方程　根据传热理论，钢板的毕渥数 $Bi<0.1$，即钢板内部温差基本可以忽略。按照集总热容系统得非稳态导热系统为钢板建立传热数学模型。

根据热平衡规律及能量守恒定律，钢板的导热能量方程为[86]

$$\rho cV\frac{\mathrm{d}t}{\mathrm{d}\tau} = -\int_A qn\mathrm{d}A + \int_V q_V\mathrm{d}V \tag{8-13}$$

式中，ρ 为体积质量（密度）；c 为比热容；A 和 V 为钢板的表面积和体积；q 为钢板边界面的热流密度；n 为边界面的单位外法向矢量；q_V 为钢板内热源的发热率；$\frac{\mathrm{d}t}{\mathrm{d}\tau}$ 为温度分布，t 为温度，τ 为时间。

式（8-13）中等号右边第一项代表整个边界面与钢板的换热热流量 Q，第二项代表内热源产生的热量 Q_V。

（3）不同边界条件下的钢板解析法传热数学模型　以钢板为研究对象，运用非稳态传热的基本理论，建立三个阶段下的解析数学模型。考虑到第二阶段耦合了第一阶段和第三阶段的传热特点，故将第二阶段放在最后进行描述。

1）第一阶段（钢板空气对流及辐射换热阶段）钢板的传热数学模型。钢板从加热炉中取出，到达模具实行固体淬火前，钢板冷却主要为空气对流换热和辐射换热。此时

$$q = \alpha(T - T_f) \tag{8-14}$$

明确的认识，按照体平均求解方法，计算不同时刻钢板的体平均温度，结果如图 8-15 所示。其中体平均温度的求解公式为[90]

$$T_{平均} = \frac{\iiint_V T_\tau \mathrm{d}x\mathrm{d}y\mathrm{d}z}{V} \tag{8-35}$$

根据最小二乘法对数据进行拟合，可知，钢板体平均温度随时间递减变化呈指数规律，进行拟合得

$$T = 820.64\exp(-t/34.11) + 311.81 \tag{8-36}$$

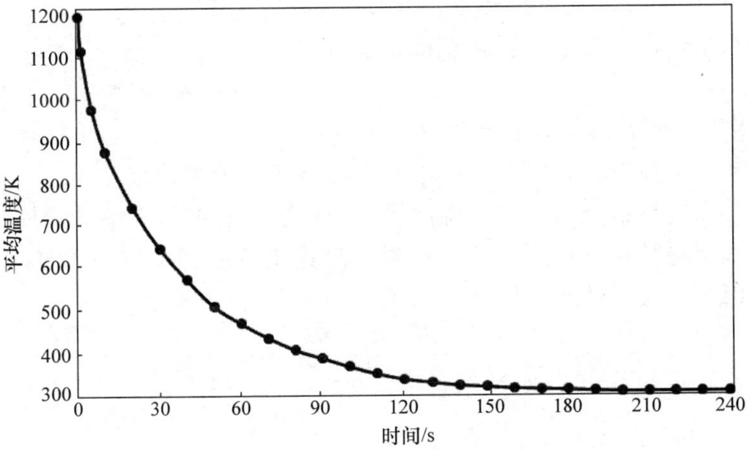

图 8-15　不同时刻钢板的体平均温度

根据平均温度随时间变化的趋势曲线及拟合公式的分析可知：

1）当钢板温度处于在再结晶温度以上时，其冷却速度在 25K/s 以上，满足形成高强度马氏体组织的冷却条件（冷却速度大于 21K/s）。随着冷却的继续，由于钢板与模具温差降低，冷却速度减慢，但此时钢板组织由奥氏体向马氏体的转变已完成，对零件性能几乎没有影响。

2）同一时刻钢板不同位置的温度存在差别，以入水口处钢板温度最低，支撑柱中心上方位置钢板温度最高。温度差别最大发生在冲压进行到 5s 时刻，但最大温差在 45K 以内，对钢板组织转变影响基本可以忽略。对此将在以下钢板不同位置温度分布分析中详细研究。

（2）钢板不同位置温度分布　由于凹模底部冷却系统传热存在冷却水对流传热和支撑柱热传导两种不同方式，凹模上表面温度会有所差异，导致钢板不同位置冷却条件不同，最终钢板组织会有所差异，因此分析凹模内壁温度分布，确定最大温差值，分析对钢板质量的影响程度。

如图 8-16 所示，取左边中间的支撑柱所对应的凹模位置来研究，图中四条

参考线分别表示支撑柱中心处、支撑柱表面迎流处、支撑柱表面背流处及支撑柱表面平行流处（注：水流方向为沿 X 轴正向）。每条参考线上取了 30 个取值点，获得的平均温度如图 8-17 和图 8-18 所示。

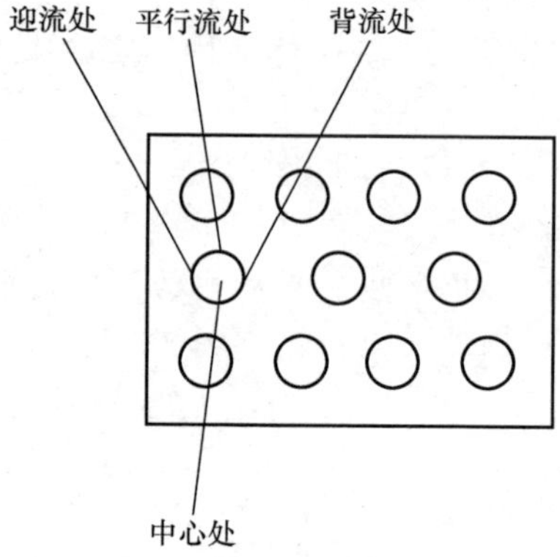

图 8-16　参考线布置位置说明

根据以上分析可知：

1）冷却系统支撑柱中心与四周之间存在 40K 的温差，由此可推断在模具上表面支撑柱上方位置与四周位置温差在 40K 以内（为总温度的 3%）。对于钢板再结晶的影响可以忽略。

2）钢板上最大温差存在于支撑柱中心与支撑柱表面迎流处，在实际生产中须关注该两点组织分布差异。

进一步研究钢板竖直方向上温度场分布情况，有助于了解沿钢板厚度方向温度差值，为指导热冲压成形工艺研究提供理论支持。同样按照体平均求解方法，计算不同时刻钢板的体平均温度，结果如图 8-19 和图 8-20 所示。

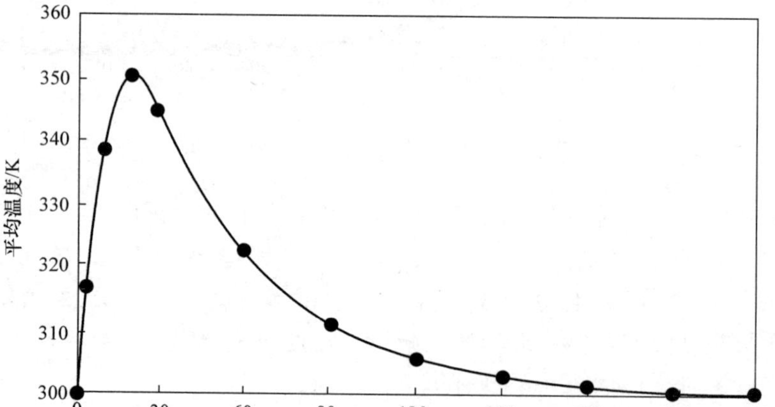

图 8-17　支撑柱中心处平均温度随时间的变化

分析可知：

1）经过 60s 后，钢板中心温度与钢板下表面温度基本一致，因此，在实际生产中，模具至少需保压 60s。

2）钢板中心与表面存在温差，最高值出现在钢板接触到模具的瞬间，可达 140K。但是由于钢的导热系数大，30s 后，两者温差低于 44K。

（3）模具温度场分析　模具温度是保证零件质量的最重要的影响因素。在确保模具温度处于一定温度以下，以满足冷却速度的同时，模具的初始温度和最终温度也是关注参数之一。模具的初始温度和最终温度差决定着在实际生产中，每次冲压前，钢板的冷却条件是否一致，是否能得到稳定的产品质量。因此，对选取模具上下表面，分析其平均温度随时间变化规律。图 8-21 和图 8-22 所示为模具上下表面的平均温度随时间变化情况，其中，模具下表面是指模具下侧与水流的接触界面，即模具下侧不包括支撑体的面积。

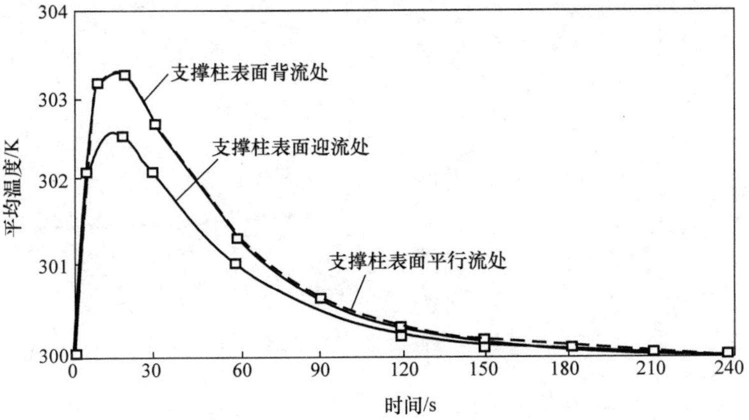

图 8-18　支撑柱表面不同位置平均温度随时间的变化

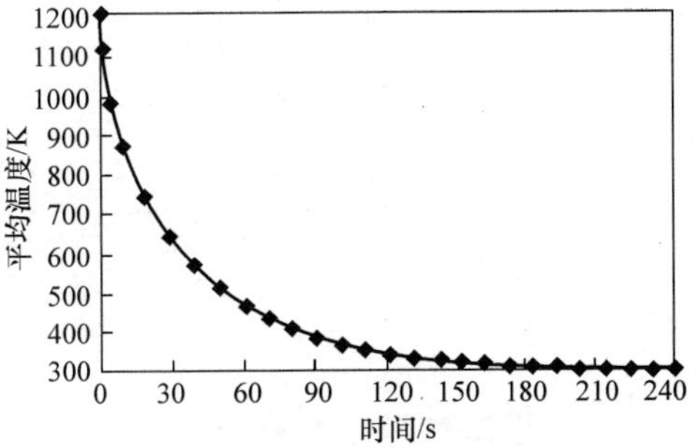

图 8-19　钢板的中心平均温度变化

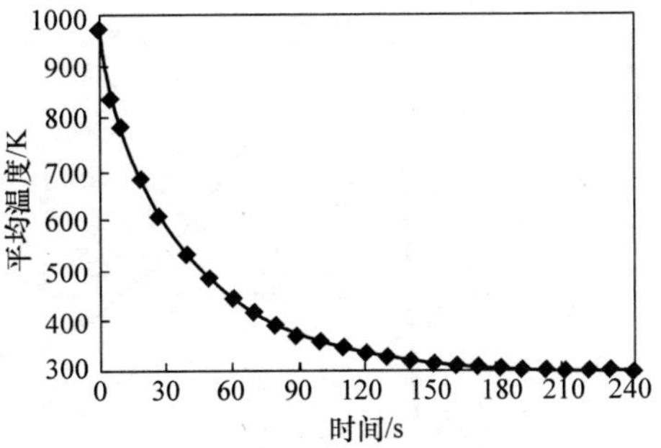

图 8-20　钢板下表面的平均温度变化

分析可知：

1）经过 240s 后，模具上表面温度接近初始温度，可进行下一次冲压，此时可保证实际生产中每次冲压前模具温度状态基本相同，确保产品质量的稳定性。一次冲压不得低于 240s。

2）模具上下表面最初温差可达 344K 左右，由于钢导热性较好，经过 150s

后，模具上下温差减小到4%以内。此热循环对模具寿命提出新的要求，在选择模具材料时应加以考虑。

3）模具上下表面温度最高点出现时刻存在延迟。

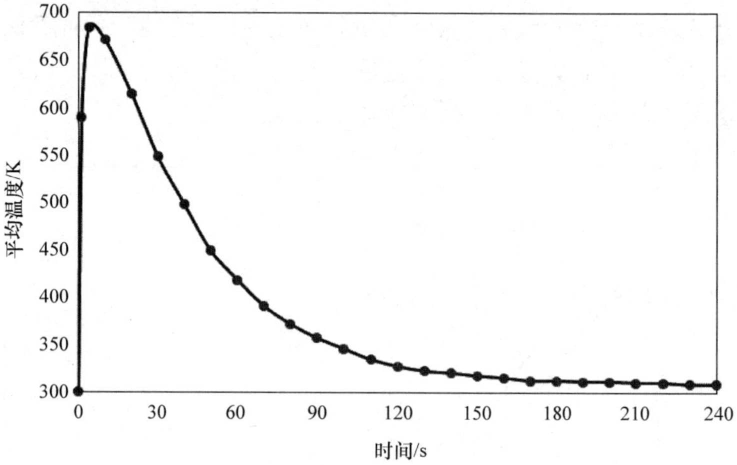

图 8-21　模具上表面的平均温度随时间变化情况

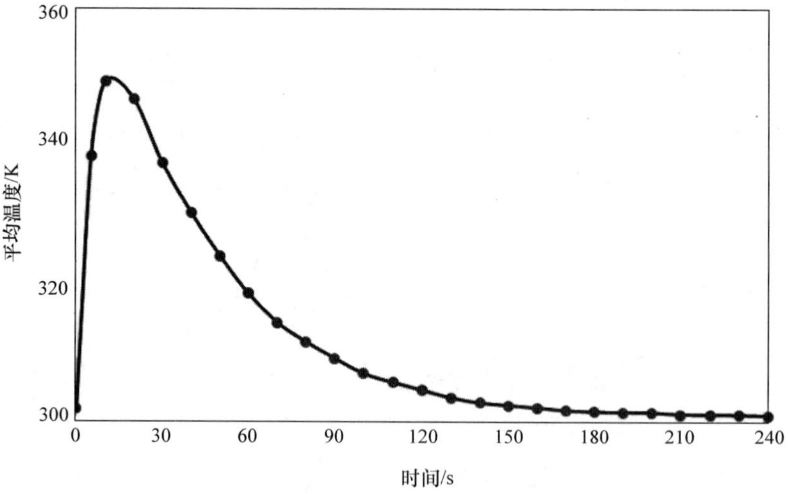

图 8-22　模具下表面的平均温度随时间变化情况

8.4　本章小结

热冲压模具需具备板料的高温成形及成形后的快速降温以达到组织相变的要

求。本章主要围绕区别于常规冷冲压模具的热冲压模具冷却系统和热平衡问题开展研究，获得的结论如下：

1）模具冷却水槽中凹模支撑柱的形状和布置方式、凹模的厚度及水流速度对模具的冷却有显著的影响。直板式冷却系统中，扰流件少，冷却水雷诺数 *Re* 低，换热效果差。简单形状的分散式支撑，支撑体分散布置，热集中点较少，布置方式及凸面的支撑体形状可以增大水流扰动，同时避免不必要的回流和漩涡，可增加换热效率。随着模具厚度的增加，冷却速度降低，特别是冷却加速度减小，保压时间增加，对于生产率的提高不利。因此，在模具设计中，在保证凹模机械强度的前提下，尽量选择小的凹模厚度。水流速度越高，冷却效果越好，但当水流速度超过 10m /s 后，水流速度对钢板冷却时间影响不大。

2）以钢板为研究对象，运用非稳态传热的基本理论，建立了钢板空气对流及辐射换热阶段、钢板与模具导热及与空气间对流及辐射换热阶段及钢板模具间导热三个阶段下的传热数学模型。

3）采用数值分析方法对钢板的传热及模具的温度场进行了分析，为热冲压模具结构设计提供了建议。

参 考 文 献

[1] 鲁春艳．汽车轻量化技术的发展现状及其实施途径［J］．轻型汽车技术，2007，214（6）：22－25.

[2] SchieB G，Possehn T，Heller T，et al. Manufacturing a roof frame from ultra high－strength steel materials by hot stamping［C］//Proceedings，IDDRG 2004. Sindelfingen：2004.

[3] Tetsuya M，et al. Ultra high－strength steel sheet for bodies，reinforcement parts，and seat frame parts of automobile－ Ultra high－strength steel sheets leading to great improvement in crashworthiness［J］. JFE Technical Report，2004，11（4）.

[4] 范子杰，桂良进，苏瑞意．汽车轻量化技术的研究与进度［J］．汽车安全与节能学报，2014，5（01）：1－16.

[5] 朱文英．汽车轻量化与高强度钢板的开发进展［J］．上海金属，2003，25（4）：11－15.

[6] 胡巧珍，王凤兰．高强度钢板在汽车上的应用［J］．中国科技信息，2005，18（9）：68

[7] Afamczyk J，Ozgowicz W，Wusatowski R，et al. Boron－treated microalloyed quenched and tempered plates，their structure and properties［J］. Journal of Materials Processing Technology，1997，64（1－3）：1－8.

[8] Merklein M，Lechler J. Investigation of the thermo－mechanical properties of hot stamping Steels［J］. Journal of Materials Processing Technology，2006，177（1－3）：452－455.

[9] Narayanasamy R，Ponalagusamy R，Raghuraman S. The effect of strain rate sensitivity on theoretical prediction of limiting draw ratio for cylindrical cup drawing process［J］. Materials and Design，2008，29（4）：884－890.

[10] Karbasian H，Tekkaya A E. A review on hot stamping［J］. Journal of Materials Processing Technology，2010，210（15）：2103－2118.

[11] 唐炳涛，原政军，张保仪，等．高强钢B340LA与B1500HS钢激光拼焊板热冲压淬火性能［J］．材料热处理学报，2013，34（2）：62－66.

[12] 延斯·奥弗拉特，弗朗茨·约瑟夫·伦策，扎沙·西克拉．当前热成形工艺的研究及应用［J］．汽车工艺与材料，2011（11）：19－25.

[13] 谭志耀．超高强度钢板热冲压成形基础研究［D］．上海：同济大学，2006.

[14] 王立影．超高强度钢板热冲压成形技术研究［D］．上海：同济大学，2008.

[15] 郑州大学，等．GB/T 15825. 8—2008　金属薄板成形性能与试验方法　第8部分：成形极限图（FLD）测定指南［S］．北京：中国标准出版社，2009.

[16] 闵峻英．金属板材热辅助塑性成形理论研究［D］．上海：同济大学，2012.

[17] 林建平，王立影，田浩彬，等．超高强度钢板热冲压成形研究与进展［J］．热加工工艺，2008，37（21）：140－144.

[18] 杨慧．中碳结构钢亚热控制精密成形特性模拟研究［D］．上海：上海交通大学，2006.

[19] 井上胜郎．［缺文章名项］．铁と钢，1955（52）：20.

[20] 胡琦．超高强度硼钢板热冲压的力学性能研究［D］．上海：同济大学，2008.

[21] Kocks U F. Laws for Work－Hardening and Low－Temperature Creep［J］. Journal of Engi-

neering Materials Technology, 1976, 98 (1): 76 - 85.
[22] 王进，陈军，张斌，等. 35CrMo 结构钢热塑性变形流动应力模型 [J]. 上海交通大学学报, 2005, 39 (11): 1784 - 1786.
[23] Zhou M, Clode M P. Constitutive equations for modelling flow softening due to dynamic recovery and heat generation during plastic deformation [J]. Mechanics of Materials, 1998, 27 (2): 63 - 76.
[24] 杨小红，张士宏，王忠堂，等. AerMet100 超高强度钢热变形行为 [J]. 塑性工程学报, 2007, 14 (6): 121 - 126.
[25] 曹莹. 基于韧性断裂准则的硼钢板不等温成形极限研究 [D]. 上海：同济大学, 2011.
[26] 武汉钢铁（集团）公司，等. GB/T 5028—2008 金属材料 薄板和薄带 拉伸应变硬化指数（n 值）的测定 [S]. 北京：中国标准出版社, 2009.
[27] 宝山钢铁股份有限公司，等. GB/T 5027—2016 金属材料 薄板和薄带 塑性应变比（r 值）的测定 [S]. 北京：中国标准出版社, 2017.
[28] Hill R. On discontinuous plastic states, with special reference to localized necking in thin sheets [J]. Journal of Mechanics and Physics of Solids, 1952, 1 (1): 19 - 30.
[29] Storen S, Rice J R. Localized necking in thin sheets [J]. Journal of Mechanics and Physics of Solids, 1975, 23 (6): 421 - 441.
[30] Marciniak Z, Kuczynski K. Limit strains in the processes of stretch - forming sheet metal [J]. International Journal of Mechanical Science, 1967, 9 (9): 609 - 620.
[31] 余海燕，高云凯. 基于 M - K 模型的相变诱发塑性钢板的成形极限研究 [J]. 中国机械工程, 2007, 18 (1): 109 - 113.
[32] 李尧. 金属塑性成形原理 [M]. 北京：机械工业出版社, 2004.
[33] Hill R. A theory of the yielding and plastic flow of anisotropic metals [C] //Proceedings of the Royal Society of London A, 1948, 193 (1033): 281 - 297.
[34] Hosford W F. On yield loci of anisotropic cubic metals [C] //Proceedings of the 7th North American metalworking research Conference. 1979: 191 - 196.
[35] 哈尔滨焊接研究所，等. GB/T 15111—1994 点焊接头剪切拉伸疲劳试验方法 [S]. 北京：中国标准出版社, 1994.
[36] 林建平，胡琦，王立影，等. USIBOR1500 超高强度淬火钢板点焊性能研究 [J]. 中国工程机械学报, 2007, 5 (3): 317 - 321.
[37] 徐祖耀，牟翊文. Fe - C 合金贝氏体相变热力学（KRC 模型）[J]. 金属学报, 1985, 21 (2): 107 - 109.
[38] Bhadeshia H K D H. Thermodynamic extrapolation and martensite - start temperature of substitutionally alloyed steels [J]. Metal Science, 1981, 15 (4): 178 - 180.
[39] 彭宁琦，唐广波，刘正东，等. Fe - ∑Xi - C 合金系超组元模型 Zener 两参数的修正 [J]. 金属学报, 2009, 45 (3): 331 - 337.
[40] 张斌，张鸿冰，阮雪榆. 热变形奥氏体先共析铁素体的热力学计算 [J]. 上海交通大学学报, 2003, 37 (10): 1517 - 1521.
[41] Mou Y, Hsu T Y. C - C interaction energy in Fe - C alloys [J]. Acta Metallurgica Sinica,

1987, 34 (2): 325 - 331.
[42] Mukherjee A K. Treatise on Materials Science and Technology [M]. New York: Academic Press, 1975.
[43] Merklein M, Lechler J. Investigation of the thermo - mechanical properties of hot stamping steels [J]. Journal of Materials Processing Technology, 2006, 177 (1 - 3): 452 - 455.
[44] Kirkaldy J S, Venugopalan D. Prediction of microstructure and hardenability in low alloy steels [C] //Phase Transformations in Ferrous Alloys. AIME. Philadelphia, PA: 1984.
[45] Zhang R Y, Boyd J D. Bainite transformation in deformed austenite [J]. Metallurgical and Materials Transactions A, 2010, 41 (6): 1448 - 1459.
[46] Thompson S W, Colvin D J, Krauss G. Continuous cooling transformations and microstructures in a low - carbon, high - strength low - alloy plate steel [J]. Metallurgical and Materials Transactions A, 1990, 21 (6): 1493 - 1507.
[47] Fujiwara K, Okaguchi S, Ohtani H. Effect of hot deformation on bainite structure in low carbon steels [J]. Isij International, 1995, 35 (8): 1006 - 1012.
[48] 徐祖耀. 马氏体相变与马氏体 [M]. 2 版. 北京: 科学出版社, 1999.
[49] Kaufman L, Cohen M. Thermodynamics and kinetics of martensitic transformations [J]. Progress in Metal Physics, 1958, 7 (58): 165 - 246.
[50] Olson G B, Cohen M. A general mechanism of martensitic nucleation: Part I. General concepts and the FCC→HCP transformation [J]. Metallurgical and Materials Transactions A, 1976, 7 (12): 1897 - 1904.
[51] Zhao X Q, Liu B X. Is Homogeneous Nucleation of Martensitic Transformation in Iron - Base Alloys Possible [J]. Scripta Materialia, 1998, 38 (7): 1137 - 1142.
[52] Han B, Xu Z. Martensitic transformation behavior of large strain deformed F - 32% Ni alloy [J]. Materials and Science Engineering A, 2006, 431 (1): 109 - 113.
[53] Naderi M, Bleck W. Martensitic transformation during simultaneous high temperature forming and cooling experiments [J]. Steel Research International, 2007, 78 (12): 914 - 920.
[54] Melander M. A Computational and Experimental Investigation of Induction and Laser Hardening [D]. Linkoping: Linkoping University, 1985.
[55] Luo H W, Sietsma J, Zwaag V D S. A novel observation of strain - induced ferrite - to - austenite retransformation after intercritical deformation of C - Mn steel [J]. Metallurgical and Materials Transactions A, 2004, 35 (9): 2789 - 2797.
[56] Folmer C W. Method of heat assisted sheet metal forming in 360 degree shapes [P]. United States patent 5419791, 1995.
[57] 孙国华. 超高强度硼钢板高温成形极限研究 [D]. 上海: 同济大学, 2009.
[58] Merklein M, Lechler J, Godel V, et al. Mechanical properties and plastic anisotropy of the quenchenable high strength steel 22MnB5 at elevated temperatures [C] //Proceedings of the 12th International Conference on Sheet Metal. Palermo, Italy: 2007.
[59] Jiang H, Tang D, Mi Z, et al. Influence of processing parameters of hot stamping to mechani-

cal properties of martensite steel and segregation of boron [J]. Journal of Materials Engineering, 2010 (2): 17.
[60] Turetta A. Investigation of thermal, mechanical and microstructural properties of quenchenable high strength steels in hot stamping operations [D]. Italy: University of Padova, 2008.
[61] Min J, Lin J, Min Y, et al. On the ferrite and bainite transformations in isothermally deformed 22MnB5 steels [J]. Materials Science and Engineering A, 2012, 550 (31): 375-387.
[62] Lan Y J, Li D Z, Li Y Y. Modeling austenite decomposition into ferrite at different cooling rate in low - carbon steel with cellular automaton method [J]. Acta Materialia 2004, 52 (6): 1721-1729.
[63] Dommarco R C, Sousa M E, Sikora J A. Abrasion resistance of high nodule count ductile iron with different matrix microstructures [J]. Wear, 2004, 257 (11): 1185-1192.
[64] Åkerström P, Oldenburg M. Austenite decomposition during press hardening of a boron steel - computer simulation and test [J]. Journal of Materials Processing Technology, 2006, 174 (1-3): 399-406.
[65] Militzer M, Pandi R, Hawbolt E B. Ferrite nucleation and growth during continuous cooling [J]. Metallurgical and Materials Transactions A, 1996, 27 (6): 1547-1556.
[66] He L F. Research on key parameter measuring and quenching properties of boron steel B1500HS in hot stamping process [D]. Jinan: Shangdong University, 2012.
[67] Shipway P H, Bhadeshia H K D H. The effect of small stresses on the kinetics of the bainite transformation [J]. Materials Science and Engineering A, 1995, 201 (1-2): 143-149.
[68] Umemoto M, Horiuchi K, Tamura I. Transformation kinetics of bainite during isothermal holding and continuous cooling [J]. Transactions of the iron and Steel Institute of Japan, 1982, 22 (11): 854-861.
[69] 李飞舟，王积元，陈立峰．板料成形 CAE 设计及应用 [M]. 2 版．北京：北京航空航天大学出版社，2010.
[70] 王秀凤，郎利辉．板料成形 CAE 设计及应用——基于 DYNAFORM [M]．北京：北京航空航天大学出版社，2008.
[71] PAM - STAMP 介绍．ESI 公司宣传资料，htps：//www.esi - group.com/cn/software - solutions/virtual - manufacturing/sheet - metaldesign - forming - simulation - solution.
[72] 周全．汽车超高强度硼钢板热成形工艺研究 [D]．上海：同济大学，2007.
[73] 谭海艳．汽车钢板弹簧热成形工艺的研究及仿真 [D]．武汉：武汉理工大学，2008.
[74] 李佳玥．基于马氏体相变过程的硼钢板热冲压数值模拟研究 [D]．上海：同济大学，2012.
[75] 辛立久．热冲压成形回弹研究 [D]．上海：同济大学，2012.
[76] 滕海文，王涛，霍达，等．结构损伤诊断的轴向振动原理及模态实验 [J]．振动与冲击，2010，29 (12)：122-125.
[77] 史栋勇，盈亮，胡平，等．高强度钢板热成形三维温度场数值模拟分析 [J]．吉林大学学报：工学版，2014，44 (4)：946-952.

[78] Bardelcik A, Salisbury C P, Winkler S, et al. Effect of cooling rate on the high strain rate properties of boron steel [J]. International Journal of Impact Engineering, 2010. 37 (6): 694 - 702.
[79] Taleb L, Petit S. New investigations on transformation induced plasticity and its interaction with classical plasticity [J]. International Journal of Plasticity, 2006, 22 (1): 110 - 130.
[80] 朱巧红. 热成形模具热平衡分析及冷却系统设计优化 [D]. 上海: 同济大学, 2007.
[81] 王福军. 计算流体动力学分析——CFD 软件原理与应用 [M]. 北京: 清华大学出版社, 2004.
[82] 同济大学计算数学教研室. 数值分析基础 [M]. 上海: 同济大学出版社, 1998.
[83] Liu J, Chang H, Wu R, et al. Investigation on hot deformation behavior of AISI TI high - speed steel [J]. Materials Characterization. 2000, 45 (3): 175 - 186.
[84] 刘正兴. 计算固体力学 [M]. 上海: 上海交通大学出版社, 2000.
[85] 张廷芳. 计算流体力学 [M]. 大连: 大连理工大学出版社, 1992.
[86] Adamczyk J, Ozgowicz W, Wusatowski R, et al. Boron - treated microalloyed quenched and tempered plates, their structure and properties [J]. Journal of Materials Processing Technology, 1997, 64 (1 - 3): 1 - 8.
[87] Beynon J H. Tribology of hot metal forming [J]. Tribology International. 1998, 31 (1 - 3): 73 - 77.
[88] 饶寿期. 有限元法和边界元法基础 [M]. 北京: 北京航空航天大学出版社, 1990.
[89] 宋培刚. 运用 Fluent 软件对冰箱中空气流场的模拟和优化研究 [D]. 广州: 华南理工大学, 2004
[90] SaiKi H, Zhan Z H et al. Evaluation of Thermal Contact in Hot and Warm Forging [J]. Advanced Technology of Plasticity, 1996 (1).

后　记

经过十几年的研究和积累，一直想写一本关于金属板材热冲压成形技术的专著来对课题组的工作做一个阶段小结，今天终于得以实现。金属板材的热冲压成形技术是塑性成形领域的新的分支，也是塑性技术与理论的重要补充。因此，本书的出版对热冲压成形技术的发展来说，具有很好的铺垫意义。

特别感谢南京依维柯汽车有限公司常务副总经理、前上海大众汽车公司的倪锋部长，大众汽车有限公司管华军高级工程师、鲍文华高级工程师，在他们的帮助支持下，课题组才得以在2004年率先启动了硼钢板的热冲压技术的研究工作，其意义重大而深远。感谢宝钢集团钢结构研究所的郭瑞泉、宋国斌工程师在材料性能测试方面给予的支持和帮助。感谢上海赛科利汽车模具公司的阳春启总经理、郭水军经理、陈珂博士，与他们的合作使多年的热冲压的理论研究与工程应用紧密结合。感谢研究生谭志耀、周全、朱巧红、王立影、胡琦、闵峻英、孙国华、曹莹、李佳玥、辛立久、王灿、刘雨阳、徐旭云、徐洲、孙博、李芳芳、吴斌斌、刘畅等对本书的贡献。另外，在本书的编写过程中，引用了国内外许多学者的研究成果及汽车企业的公开资料，著者对这些作者和单位表示感谢！

本书得到了国家自然科学基金项目“硼钢板热冲压过程中的变形行为及其马氏体相变研究（项目号：51075307）”和“热冲压硼钢板基因的选择性表达及其在力学性能预测中的应用（项目号：51375346）”的资助，著者对此表示衷心感谢。

著　者